기본 드라이 정석

기본 드라이 정석

김세욱 조 민 홍보경 이영미

구민사 Technology Computer
www.kuhminsa.co.kr

머리말

열기구를 이용해서 모발을 스타일링 한다는 것은 예술적인 감각과 동시에 모발의 결합 및 물성에 대한 이해가 필요한 작업이다. 영구적으로 지속되지는 않지만 제대로 시술되지 않을 시에 발생하는 모발의 손상이 있으므로 최대한 모발에 대한 이해를 바탕으로 해서 스타일링 되어져야 한다.

본서는 기본적으로 가장 기본적인 모발에 대한 것에서 부터, 드라이를 포함한 기본적인 열기구들에 대한 내용들을 살펴보고 드라이 시술과정을 사진과 함께 수록하였다.

또한 지금도 어딘가에서 좀 더 나은 기술을 익히기 위해서 연습하고 노력하는 수많은 손길들과 더 많은 것들을 궁금해 하고 더 알고 싶어 하는 지적인 호기심을 채우기 위한 학생들의 눈빛이 떠오른다.

그 학생들과 함께 하면서 조금이나마 드라이 및 열기구 스타일링에 대한 이해를 하는데 도움이 되기를 소망하여 본다.

가끔 학생들에게 이야기 하는 것이지만 물을 끓이기 위해서는 끓기까지 지속적으로 꾸준히 열을 가해야만 한다. 조금 데워지고, 조금 데워지고 하는 과정만 있고 끓을 때까지 기다리지 못했던 순간 순간을 우리는 알게 모르게 걸어왔었다.

실력있는 헤어스타일리스트가 되기위해 지금도 어딘가에서 소망을 품고 있을 누군가에게 끈기와 노력이라는 소중한 것들을 나누어야 한다는 것과 적은 도움이 되고자 이 책도 함께 하기를 기대하여 본다.

책이 나오기까지 수고해주신 직장의 여러분들과 주위분들, 그리고 도서출판 구민사 사장님, 과장님 이하 편집부 여러분들의 많은 노고에도 감사를 전한다.

저자 올림

CONTENTS

The history of blow dry and hair irons

1. 블로우드라이와 아이롱의 역사 9

Hair and Thermal hair equipment

2. 모발과 열기구 15

Thermal Waving and curling

3. 열기구를 이용한 웨이브시술 및 컬링 17

1) Irons 아이롱 • 19

2) Blow-Dry Styling 블로우 드라이 스타일링 • 22

Practice of Ther mal Equipment

4. 열기구의 실제 27

1) 섹션의 종류 • 27

(1) horizontal 가로 • 27

(2) vertical 세로 • 27

(3) pivot 방사선 • 28

(4) diagonal 대각선 • 28

2) 열기구를 이용한 스타일링 • 28

(1) 아이롱을 이용한 S컬 • 28

(2) 플랫 아이롱 • 29

(3) 드라이어 기본 C컬 • 31

(4) 디퓨저를 이용한 웨이브 • 32
(5) 전기 세팅기 • 34
(6) 물결 아이롱 • 35
(7) 다이렉트 매직기 • 36

Tips of Thermal Equipment styling
5. 열기구 스타일링 팁 37

1) 모발의 이동 • 38
2) 단차 • 39
3) 형태와 위치, 그리고 방향 • 40
4) 당김성의 원리 • 44
5) 드라이를 선택할 때 유의할 점 • 47

Practice of Ther mal Equipment
6. 열기구 스타일링 실습 51

1) 아이롱의 기본 S 컬 • 52
2) 플랫 아이롱의 기본 • 53
3) 세미 롱 그래쥬에이션의 기본 블로우 C컬 • 55
4) 그래쥬에이션&박스 레이어의 혼합형 기본 C컬 드라이 • 66
5) 기본 아이롱의 정석 • 79
6) 정석A라인의 블로우 C컬 드라이 • 85
7) 기본 물결의 정석 • 93
8) 기본 사모님 블로우 드라이의 정석 • 100

1. 블로우드라이와 아이롱의 역사

The history of blow dry and hair irons

대개 대부분의 헤어드라이어는 전류를 통해 빠르게 전해지는 열과 전기저항을 이용한 와이어의 코일을 사용하는 원리로 작동된다.

팬은 드라이에 효과적인 따뜻한 공기의 형태로 뜨거운 코일을 지나가면서 따뜻한 공기로 바뀌게 된다.

대부분의 헤어드라이어에 니크롬 와이어가 사용되는데 그 이유는 니크롬 와이어는 가열되어도 잘 산화되지 않는다. 드라이어의 가열요소는 운모 난방 보드 절연 주위를 감싼 니크롬 코일 와이어이다. 니크롬 와이어는 두가지 중요한 이유로 가열요소로 사용되는데, 첫째는 열을 가해도 산화하지 않고 비교적 저렴하다는 이유이다.

현대적인 모델에서 보면 대부분의 헤어드라이어는 세라믹을 이용한 가열요소가 많은데 세라믹의 일시적인 발열 능력 때문이다.

이러한 세라믹의 특징은 모발을 말리는 시간을 더욱 줄여주었다.

이러한 헤어드라이어에는 냉풍기능이 있어서 이 버튼을 눌러주는 동안에는 보

초기드라이어의 모습

통 실내의 공기가 나오게 된다. 이러한 냉풍 기능은 헤어스타일이 잘 정착되도록 하는 것에 도움을 준다. 또한 냉풍은 모발이 지글거리지 않게 해주고 더욱 윤기 나게 해주기도 한다.

이온 기능은 모발에 정전기를 줄여주고 모발을 좀 더 매끄럽게 해준다고 하여 오늘날의 대부분의 스타일리스트들은 이온기능이 되는 제품을 사용하고 있다.

헤어드라이어는 여러가지 종류의 부속품들이 있는데 예를 들면 디퓨저, 에어플로우 콘센츄레이터, 노즐 빗 등으로 이루어져 있다. 디퓨저는 모발이 가늘거나, 염색모, 퍼머나 곱슬머리에 적당하다. 디퓨저는 열이 확산되면서 더 천천히 차가워지므로 너무 지글거리지 않고 윤기가 나며 볼륨이 난다.

에어플로우 노즐은 디퓨저와 반대되는 것은 아니다. 블로우 드라이보다 끝을 좀

1935년 AEG 사의 드라이어

게 해서 좀 더 모발이 빨리 마르도록 하여준다. 빗살로 된 노즐은 에어플로우 노즐과 비슷하여 모발이 브러쉬나 빗없이 모양을 만들면서 말릴 수 있도록 하여준다.

헤어드라이어가 발명되기 이전에는 남녀를 불문하고 베큠 클리너를 이용하는 것이 일반적이었다. 사실 헤어드라이어는 1890년에 베큠 클리너를 응용하여 알렉산더 고디프로이에가 발명한 것이다.

알렉산더가 처음 개발한 제품은 프랑스의 살롱에서 사용하려고 만든 것이며 가지고 다니거나 손으로 잡는 스타일이 아니라 드라이어 아래에서 모발을 말리는 형태였다.

헤어드라이어는 매우 딱딱한 플라스틱 돔으로 만들어져서 그 아래에서만 모발을 말릴 수 있었다.
돔아래로는 뜨거운 바람이 불어서 모발을 골고루 말려줄 수 있었다.
오늘날의 헤어 후드드라이어에서 이 제품을 찾아 볼 수 있다.
1915년이 되어서 헤어드라이어는 손으로 잡을 수 있는 형태로 발전하게 되었다.

그렇지만 새로운 형태의 헤어드라이어도 약 0.91kg 정도 되었기 때문에 사용하기에는 무겁고 어려웠다. 또한 100와트에서만 사용할 수 있었기 때문에 모발을 말리기 위해서는 매우 오랜 시간이 걸렸다.

1920년대서부터 헤어드라이어의 크기나 성능을 개선하는데 중점이 되어 발전하였고 사실 기본적인 원리에는 변화가 없었다.

가장 중요한 변화는 헤어드라이어를 플라스틱으로 바꾸어 가볍게 사용할 수 있게 되었다는 것이다.

1960년대의 헤어드라이어는 더 나은 전기동력과 플라스틱제품의 향상으로 이루어진 것이라고 할 수 있다.

또 하나의 중요한 변화는 쇠막대기 안에 모터를 옮겨서 헤어드라이어의 디자인에 변화를 준 것이다.

또한 안전에 대한 인식이 중요하게 여겨지게 되어 1970년대에는 이러한 안전에 대한 가이드라인에 따라 개발된 제품이 생산되게 되었다.

1991년에는 젖은 손이나 환경에서는 사용할 수 없는 법이 제정되었고 사이즈, 무게, 소음, 모양등에서 혁신적으로 개선된 제품들이 나오게 되어 현재에 이르게 되었다.

핸드드라이어를 제외하면 다른 큰 종류의 드라이어가 있다.

하나는 본넷 헤어드라이어이고 하나는 리지드 후드 드라이어이다. 본넷 헤어드라이어는 1951년도에 소개된 것으로 대게 작은 이동식 상자에 연결하여 사용하며 본넷 안으로 고객의 머리윗부분을 위치시켜 말리도록 되어있다.

이 타입의 헤어드라이어는 전체 모발에 골고루 열을 가해준다는 장점이 있다. 1950년에 소개된 리지드 후드 헤어 드라이어는 오늘날 살롱에서 많이 사용하는 타입으로 딱딱한 플라스틱 헬멧아래 모발을 위치시키며 본넷 헤어드라이어와 비슷하지만 더욱 높은 전력을 사용할 수 있다.

헤어 아이롱 또는 헤어 텅은 열을 이용하여 모발의 형태를 변화시키는 도구이

초기의 아이롱 기기들

다. 여기에는 세가지의 큰 종류가 있는데 컬링 아이롱, 스트레이트닝 아이롱 또는 플랫 아이롱, 크림핑 아이롱이라고 하는 다이렉트 매직기로 나눌 수 있다.

전기 컬링 아이롱, 컬링 아이롱, 컬링 텅 이라고 불리어지는 원통형의 기계로서 모발에 웨이브와 컬을 만들어낸다.

직경의 넓이, 재료, 바렐의 모양, 핸들의 모양에 따라서 현대에는 매우 많은 종류의 아이롱이 있다.

원통 바렐의 직경은 1.3cm에 서부터 5.1cm까지 다양하다.

작은 사이즈일수록 스파이럴 컬에 좋고 큰 사이즈는 모발에 형태와 볼륨을 주기에 적당하다.

컬링 아이롱은 대게 테프론이랑 세라믹, 토르말린, 금속, 티타늄이 있고 각각의 재료에 따라 장단점이 있다.

원통의 모양은 실린더형, 원뿔형, 리버스 콘형 등으로 다양하게 만들수 있고 두 개나 세개의 바렐을 더한 것도 있다.

컬링 아이롱은 마셀 타입, 집게형, 바렐만 있는 타입으로 나뉜다.

집게형은 우선 사용하기가 간편하고, 살롱에서 사용하기에 가장 편하여 보편적으로 사용되며 마셀 핸들은 손으로 압력을 조절해야 해서 전문가가 사용하기에 적당하다.

손잡이가 없는 타입은 모발을 원통에 감아서 사용하는 타입으로 손에 화상을 입지 않도록 주의해야 한다.

이렇게 아이롱은 모피질 내의 수소결합으로 모발이 휘어지고 컬을 만들 수 있다.

모발에 수분이 가해져서 수소결합이 끊어지게 되면 모발은 원래의 형태를 잃게 되고 수분이 증발하면서 새로운 수소결합을 하게 된다.

크림핑 아이롱은 쉽게 말하면 톱니바퀴모양의 바렐을 가진 것으로 우리가 흔히 다이렉트 매직기로 부르는 제품이다.

시술 결과는 조금의 양을 잡고 머리를 따서 풀은 것과 비슷하다. 크림핑 아이롱도 여러 사이즈의 제품이 있으며 크림프의 사이즈에 따라 리지의 크기도 변화한다.

크림프로 집은 듯한 헤어스타일은 1980년에서 1990년대까지 매우 유행하였다.

2. 모발과 열기구

Hair and Thermal hair equipment

모발은 공기 중에 수분이 많을 때에는 수분을 흡수하고 건조한 공기 중에서는 수분을 발산하는 성질이 있다.

모발의 이러한 성질을 모발의 흡수성이라고 한다. 이러한 모발의 흡수성은 모발의 여러가지 물리적 성질인 강도, 보온성, 탄성, 가소성 등에 많은 영향을 미치고 헤어디자인을 결정하고 형성하는 과정에도 중요한 요소로 작용한다.

모발은 원래 자연적으로 10~ 15% 정도의 수분을 보유하고 있다고 알려져 있다. 샴푸 바로 직후에는 30% 정도로 수분보유량이 증가하며 드라이로 건조시키면 다시 약 10%의 수분을 보유하게 된다.

또한 모발은 케라틴 단백질로 구성되고, 각각의 단백질 분자 사이에는 분자간의 결합이 존재하고 있다. 이러한 모발의 결합 중 수소결합(Hydrogen bond)이 블로우 드라이 시술과 가장 밀접한 관련이 있다고 할 수 있다.

수소결합은 아미드기(Amid)와 그것에 가까운 카르복실기(Carboxyle)의 워터 웨이브를 형성하는 결합이다. 산소와 수소간의 인장력에 의한 결합으로서 산소와 수소간의 거리가 멀게 되면 물에 쉽게 절단이 되지만 건조하게 되면 다시 재결합하게 된다. 산소와 수소의 거리가 가까울수록 결합력은 강하다. 수소결합은 다른 결합에 비교하여 상대적으로는 약한 결합이라고 할 수 있다.

드라이 등의 열기구로 헤어스타일링을 할 경우에는 모발내의 이러한 흡수성과 수소결합을 이용하게 된다.

모발이 일정량 이상의 수분을 흡수하여 모발 내의 수소 결합이 절단된 것을 열과 바람으로 건조시킴으로써 새로운 수소 결합을 형성하는 원리로 스타일을 만들게 된다.

모발은 열에 의하여 변성을 하게 되므로 열기구를 이용하여 시술할 때는 이러한 점을 각별히 주의할 필요가 있다.

모발은 건조한 상태에서는 120℃ 전후로해서 팽창하여 130~ 150℃에서 변색이 시작되고 270~ 300℃가 되면 타서 분해되기 시작한다. 물리적인 관점에서 보면 80℃에서 약화되기 시작하지만 화학적으로는 150℃ 전후에서 시스틴의 감소가 나타난다.

그러나 모발에 수분이 70%정도 있을 때에는 70℃부터 변성이 시작되어 건조한 상태보다 모발의 손상이 심하게 된다. 그러므로 열기구의 처리온도는 60℃이하로 하는 것이 모발의 손상을 방지하는데 도움이 되지만 현실적으로 살롱에서 시술을 할 때에는 더 높은 온도로 시술을 하는 경우가 많아 각별한 주의가 요구된다.

3. 열기구를 이용한 웨이브시술 및 컬링

Thermal Waving and curling

열을 이용한 웨이브와 컬을 만드는 도구로는 아이롱(Irons), 플랫아이롱(Flat irons), 드라이기 (Dryer), 디퓨저(Diffuser) 등이 있다.

모두 모발의 수소결합을 이용하여 시술하는 것으로서, 모발에 열을 가함으로써 모발에 여러 가지 손상이 따를 수 있기 때문에 반드시 숙련된 기술이 뒤따라야 한다.

특히 아이롱은 프랑스인인 마르셀 그라또우가 1875년 개발한 이후 오늘날까지 지속적으로 발전하여 왔으며, 헤어 아이롱으로 웨이브를 만드는 것을 마르셀 웨이브(Marcel wave)라고 부르고 있다.

플랫 아이롱(flat irons)은 헤어 스트레이트너(Hair straightener)라고도 하며 흔히 매직기라는 이름으로 대중에게 친숙하다. 모발에 열을 가하여 매끈하고 스트레이트한 효과를 주기에 적합하여 살롱에서도 홈에서도 많이 사용되고 있다.

컬링 아이롱

플랫 아이롱기

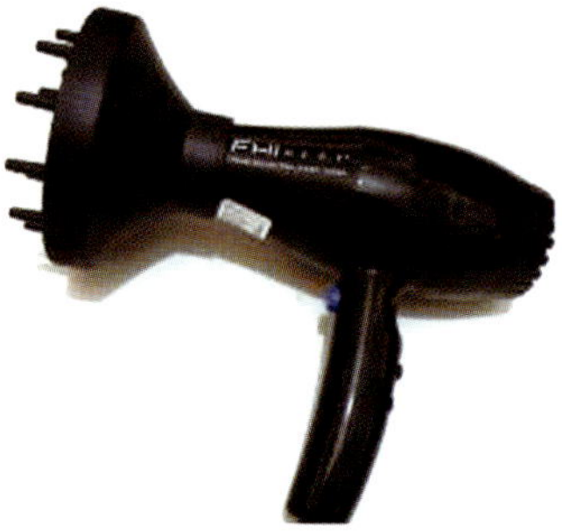

헤어 드라이기

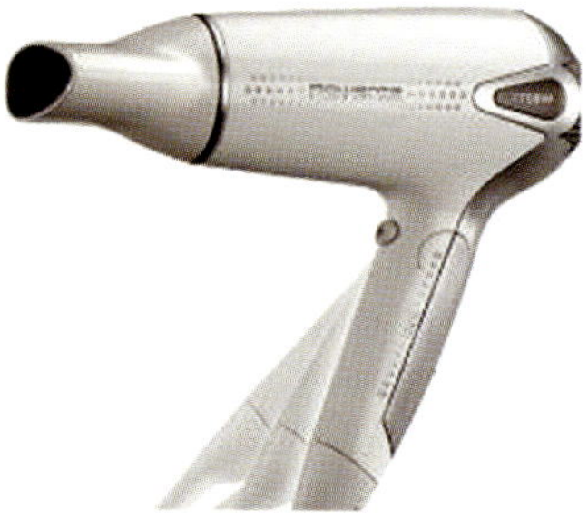

헤어 디퓨저

헤어드라이어는 약간의 수분이 있는 모발에 차갑거나 따뜻한 공기로 말리는 전자기기로서 물입자의 증발을 가속시켜서 머리카락을 건조하게 만드는 것이다. 이는 모발안의 일시적인 수소결합을 이용하여 스타일을 만드는 것으로 19세기 말 즈음에 발명되었다.

최초의 모델은 알렉산더 골레포이가 (Alexander F. Golefoy)가 프랑스 이발소에서 만들었으며 손잡이가 달린 가정용 헤어드라이어는 1920년도에 처음 선보였다.

헤어디퓨저는 모발에 약간의 수분이 있는 상태에서 무스를 바르고 손가락으로 움켜쥐어 주면서 컬을 만들때 사용한다. 드라이어의 노즐부분만 바꾸어서 사용하는 타입과 처음부터 장착되어 나온 제품이 있다.

1) Irons 아이롱

아이롱의 의미를 정의하기 전에 우선 r은 묵음이라서 발음을 하지 않고 아이언이라고 발음해야하나 우리나라에서는 이미 아이롱으로 널리 불리어지고있고 이에 따라 아이롱이라고 표기하는 것이 더욱 자연스럽고 이해하기 쉬울 것이라고 생각되어 이 책에서는 아이롱이라고 표기하도록 한다.

이러한 아이롱은 헤어스타일링에 있어서 웨이브 및 컬을 만들 때 매우 중요한 도구로서 사용되어진다. 과거에는 직접 스토브위에 아이롱을 직접 가열하여 사용하였으나 최근에는 전기아이롱이 대부분 사용되고 있다.

아이롱기는 가장 좋은 품질의 쇠로 만들어 진 것이어야 열을 골고루 전달하여 원하는 형태를 만들어 낼 수 있으며, 원형의 딱딱한 쇠로 만든 막대기 부분을 로드(rod) 라고 하고 반원의 형태로 속이 움푹 파인 부분을 셸(shell)이라고 하는데 이 부분이 맞물리면서 모발을 잡아주게 된다.

헤어아이롱기는 크기가 다양함으로 모발길이나 원하는 컬의 굵기에 따라 선택하여 사용할 수 있으며 온도를 조절할 수 있는 제품을 사용해야 모발의 상태에 따라 온도를 조절할 수 있다.

여러 다양한 사이즈의 아이롱기

대체로 머릿결이 가늘거나 염색한 모발은 낮은 온도에서 시작하는 것이 좋으며 모발이 굵고 새치머리의 경우에는 대체로 높은 온도에서 시술하여도 무방하다.

또한 스트레이트 퍼머넌트 시술을 한 모발에는 헤어 아이롱을 사용하지 않는 것이 좋다. 아이롱 사용시 모발이 끊어지는 경우가 가끔 있기 때문이다.

아이롱 온도 테스트하기

아이롱을 사용하기 전에 어느 정도의 온도인지 가늠하기 힘들다면 온도를 테스트하여 본다.

우선 화장지를 가열한 아이롱으로 집어준 뒤 약 5초 정도 기다린다. 종이가 눌어버리거나 갈변한다면 온도가 너무 높다는 뜻이므로 약간 온도를 낮추어 준다.

아이롱이 너무 뜨거우면 모발에 큰 손상을 주게 되며 탈색이나 퇴색의 원인이 된다.

또한 염색이나 탈색한 모발, 심하게 손상된 모발은 정상 모발보다 열에 약하므로 사용할 때 늘 온도에 유의하도록 한다.

아이롱 연습하기

아이롱을 연습할때 열을 이용해서 하는 작업이기 때문에 처음에 다소 어려워 하는 경우가 많다. 그러므로 우선 마네킹을 이용하여 열을 이용하지 않고 컬링하는 방법을 어느 정도 연습한 뒤 시술하는 것도 좋은 방법이 될 수 있다.

그러한 뒤 마네킹에 열을 가열한 아이롱을 이용하여 연습하며 완전히 마른 모발이 아니라 아주 약간의 수분을 가한 뒤 연습하도록 한다.

아이롱 관리하기

아이롱을 사용한 뒤에는 녹이 슬지 않도록 잘 닦아서 보관하는 것이 좋다. 특히 시술 시 모발에 사용하는 여러 제품의 기름때 등은 그때그때 닦아 주는 것이 좋다.

아이롱을 사용할 때 사용감이 너무 뻣뻣하다면 접합 부분에 약간의 기름을 가하여 사용하면 부드럽게 사용할 수 있다.

또한 온도 조절용 아이롱의 경우 너무 높은 온도에서만 계속하여 사용하다보면 온도조절 기능이 망가지는 경우가 있으므로 가끔씩 온도가 잘 조절되는지 관찰 하도록 한다.

아이롱에 들러붙은 이물질이 있는 경우에는 결이 고운 샌드페이퍼로 닦아주는 것도 좋은 방법이다.

빗 사용하기

빗은 불연성 재료가 좋으며 꼬리 부분은 쇠로 이루어진 제품을 사용하는 것이 좋다. 아이롱기 안에 모발을 집어넣을때 쇠로 된 제품을 이용하는 것이 아이롱을 사용할 때 도움이 되기 때문이다. 또한 꼬리빗은 빗살과 꼬리 부분이 이러지는 부분을 엄지와 나머지 네 손가락으로 가볍게 잡아주는 것이 좋다.

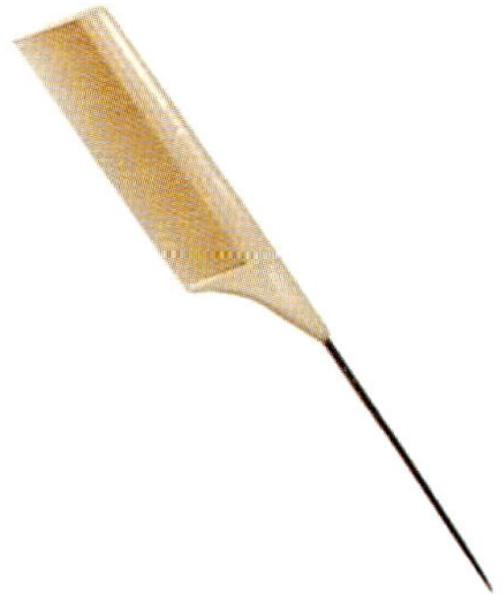

쇠꼬리빗

2) Blow-Dry Styling 블로우 드라이 스타일링

블로우 드라이를 사전적으로 정의하지 않아도 이미 우리들의 마음속에는 대략적으로 어떠한 작업을 의미하는지 인지하고 있을 것이다.

블로우 드라이는 헤어살롱에서 하는 시술 중 상대적으로 빠른 시간 내에 이루어지는 미용시술로서 드라이어를 이용하여 모발에 스타일링을 하는 작업과정 일체를 의미한다.

블로우 드라이는 세팅을 하고 말려준 뒤 다시 전체를 손질하는 과정을 거치지 않고 한번에 헤어디자이너가 의도한대로 기본적인 헤어스타일을 만들어 낼 수 있다.

때로는 손가락을 이용하기도하고, 원형 및 에스자 또는 덴망 브러시등의 다양한 형태와 재질로 된 빗을 사용하게 된다.

이러한 브러시의 선택에 따라 다양한 느낌의 웨이브와 컬, 스타일을 만들어 낼 수 있다.

드라이어로 머리를 손질할 때 원하는 스타일링을 하기 위해서는 우선적으로 모

모발 말리기

발의 건강상태가 좋아야 한다. 모발이 약간 곱슬기가 있거나 퍼머넌트 웨이브가 된 모발은 더욱 스타일 내기가 쉬운 편이다. 또한 모발의 끝이 너무 무거우면 자연스러운 웨이브나 컬을 내기가 힘드므로 적절하게 커트를 해주는 관리도 필요하다.

모발에 약간 수분이 있을 때 스타일링 로션이나 적당량의 무스를 도포 해 준 뒤 드라이를 하면 더욱 탄탄한 느낌의 스타일을 얻을 수 있을 것이다.

빗과 브러시

다양한 빗과 브러시를 이용하여 드라이를 할 수 있다. 일반적으로 드라이를 할 때는 라운드의 돈모브러시를 떠올리는데 그것은 스타일링 할때 좋기 때문이다. 그러나 흔히 집에서 사용하는 것 같은 덴망 브러시, 에스자 브러시, 페들 브러시 등의 다양한 형태의 브러시도 널리 사용되어지고 있다.

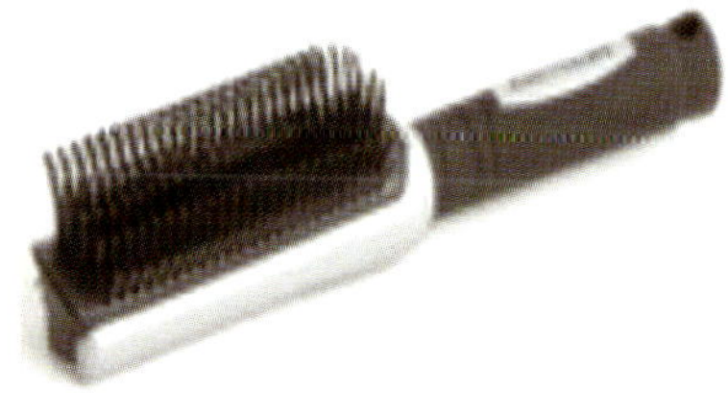

덴망 브러쉬

벤트 브러시

에스자 브러쉬

돈모 브러시

드라이어의 바람으로 머리를 건조시킬 때 직접적으로 스타일을 결정짓는 것이 브러시나 빗이기 때문에 모발의 길이나 원하는 스타일에 따라 적절한 것을 선택하도록 한다. 구멍이 나 있는 벤트 브러쉬는 모발이 약간 짧은 머리나 남자분들의 모발을 스타일링하기에 좋다.

드라이어의 관리

드라이어를 사용한 뒤에는 먼지나 머리카락을 제거해주고 드라이어 뒤쪽의 통풍구도 가끔씩 열어서 이물질을 없애주도록 한다. 통풍구에 이물질이 덮히면 바람이 자유롭게 통과할 수가 없어서 드라이어 내의 부속이 타기도 한다. 또한 몸체와 전깃줄의 연결 부위를 가끔씩 점검해 주도록 한다.

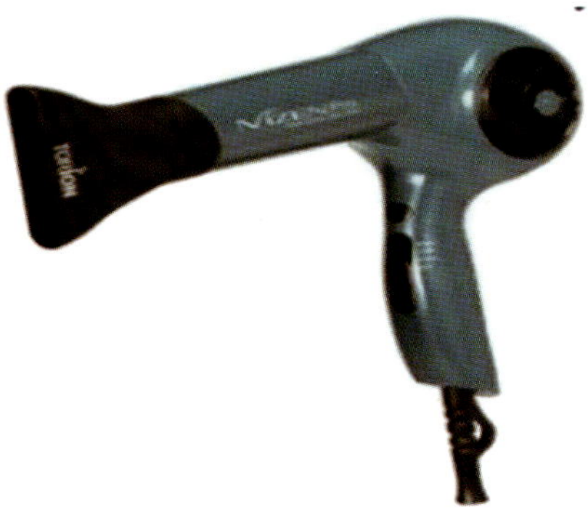

드라이기

드라이어를 이용하여 모발 말리기

우선 모발에 너무 수분이 많으면 작업시간도 너무 많이 걸리고 모발의 손상도 많아진다. 그러므로 드라이기를 사용하기 전에 타월드라이로 최대한 모발의 물기를 제거해준다. 모발을 말릴 때는 노즐을 빼고 드라이어를 흔들어 주면서 열이 한곳에 집중되지 않도록 한다.

바람은 모근 쪽에서 머리카락 쪽으로 보내도록 한다.

두피가 지나치게 뜨거워지지 않도록 너무 오랫동안 한곳에 머무르면 안되고 두피쪽의 모근이 다 마를 때까지 말려주어야 한다. 모근이 마르지 않으면 머리모양이 유지되지 않고 흐트러지기 때문이다.

드라이로 머리 말리기

벤트 브러쉬를 이용하여 랩 드라이를 해주거나 가볍게 손으로 스크런치 드라이를 할 때, 또는 살짝 말리고 라운드 브러시를 이용하여 스타일링 해주도록 한다.

4. 열기구의 실제

Practice of Thermal Equipment

1) 섹션의 종류

섹션은 크게 구획을 나눈 브로킹에 비해 실제 시술을 위해 작게 나누어 놓은 구획을 말한다.

horizontal 가로

대게 가로 섹션은 가장 일반적으로 많이 사용하는 섹션으로 여러 섹션 중에서 가장 볼륨을 많이 얻을 수 있는 섹션이다.

vertical 세로

세로 섹션은 모발에 불륨감을 줄여주면서 자연스러운 스타일을 원할때 많이 사용한다. 특히 긴 모발에 적당하다.

pivot 방사선

세로 섹션이면서도 두상을 따라서 나누어지기 때문에 자연스러운 느낌을 준다. 세로 섹션과 대각선 섹션의 좋은 점을 결합한 섹션이다.

diagonal 대각선

가로와 세로의 중간이기 때문에 가장 자연스러운 느낌을 준다. 특히 두상을 따라 감싸는듯하여 많이 사용된다.

2) 열기구를 이용한 스타일링

아이롱을 이용한 S컬

아이롱을 시술하기 전에 우선 크게 브로킹을 나누고 다시 세분화한 섹션을 나누도록 한다. 이때 섹션은 각 모발의 길이, 모발의 밀도, 결 등을 염두해 두어야 한다.

섹션을 나눈 뒤에는 빗을 이용하여 두피에서부터 모발 끝쪽으로 빗질하며 머리가 단정하게 빗질이 안되어 있으면 컬이 고르지 못하고 지저분해 보이게 되는 원인이 된다.

원하는 온도로 아이롱이 데워지면 모발의 스트랜드를 잘 빗은 뒤에 모발에 자국이 나지 않도록 주의하면서 컬링해 나간다. 이때 고객을 보호하기 위해서는 컬을 만드는 동안에 두피와 아이롱 사이에 반드시 빗을 두고 사용해야 하며 모발의 전체 끝까지 아이롱으로 깔끔히 잡아주어야 좋은 결과를 얻을 수 있다.

열을 이용하여 형태를 만들어 내기는 하지만, 열이 다 식고 건조하는 과정에서

S 컬

컬이나 웨이브의 모양이 정착되기 때문에 잔열이 남아있는 사이에 모발을 잡아 당기면 컬이 늘어지게 된다. 이러한 원리를 이용해서 의도적으로 자연스럽게 스타일을 만들어 나갈 수도 있다.

플랫 아이롱

스트레이트닝 시술을 할 때에 보통 굵고 컬이 심한 모발은 시술 과정 중에 보통 머리나 가는 모발보다 더 많은 열과 힘이 필요하다.

또한 가는 모발은 특별한 주의가 필요한데 모발이 끊어지는 것을 방지하기 위해서 너무 높은 온도를 피해주고 텐션도 너무 많이 주지 않도록 하여야 한다.

매우 가는 모발의 경우는 모수질없이 모표피와 모피질로만 이루어져 모발이 끊어지는 경우가 생길 수 있다.

플랫 아이롱을 이용하여 시술할 때에는 고객의 두피 상태를 관찰하면서 시술하도록 한다. 만약 두피가 단단하고 모발이 굵다면 두피에 무리를 주지 않게 하기 위해서 모발이 자라나는 방향으로 텐션을 가하면서 작업을 하여야 한다.

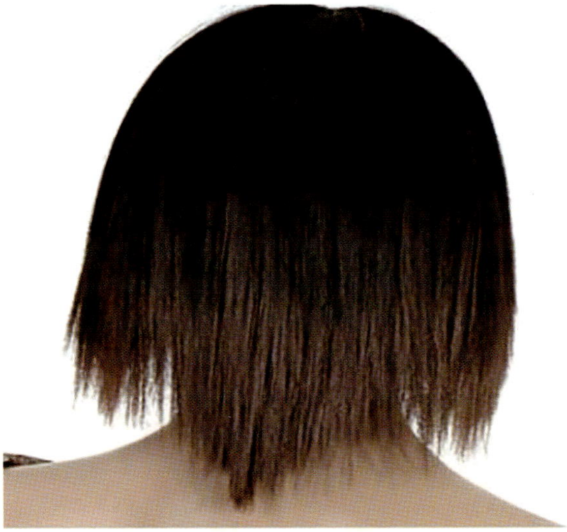

스트레이트 헤어

특히 크라운 부위를 작업할 때에는 이러한 것들을 충분히 인지하고 있어야 한다. 두피가 너무 유연한 경우에는 모발을 펴는데 필요한 텐션을 충분히 가하기 어렵다는 단점이 있다.

플랫아이롱을 사용후에는 기름기나 먼지 등을 닦아주고 높은 온도로 인해 빠진 머리카락이나 달라붙은 먼지를 제거하며 이때 가는 사포를 이용하여 그을음을 제거하는 것도 좋은 방법이다.

이러한 클리닝 방법을 한 다음에는 아이롱의 금속 부분을 약 한시간 정도 뜨거운 베이킹 소다 용액에 담근 뒤에 잘 헹구고 말려주면 제품을 더욱 오래도록 좋은 상태로 유지하며 사용할 수 있다.

섹션을 나눌 때에는 우선 크게 4등분으로 브로킹 한 뒤에 모발의 질감 및 밀도 상태에 따라서 섹션의 크기를 조절하여야 한다. 중간정도의 밀도의 모발은 일반적인 섹션 크기를 사용하고 얇고 숱이 없는 모발은 큰 섹션을 이용하도록 한다. 굵고 모발에 숱이 많은 경우에는 섹션을 작게 나누어야 열이 효과적으로 통과할 수 있다.

드라이어 기본 C컬

사전에 염색이나 탈색 등의 화학적 시술을 한 모발이나 손상이 많이 된 모발을 드라이어로 손질할 때는 특별히 유의하여 진행하여야 한다. 모발은 특히 건조시보다 수분이 있을 때 손상도가 높아짐으로 너무 많은 수분이 남은 상태에서 드라이를 하게 되면 모발의 손상도도 높아질 뿐 아니라 시술자로서도 오랜 시간동안 작업을 하여야 하므로 더욱 많은 힘이 들게 된다.

그러므로 특히 이런 타입의 모발은 탄력이 없으므로 먼저 타월을 사용해 지나친 물기를 제거해 주어야 한다.

모근쪽은 머리 위쪽으로 오도록 하여 자연스런 볼륨이 나올 수 있도록 노즐의 방향에 주의한다.

노즐의 방향이 잘못되면 모표피가 위로 들려 거칠어지므로 노즐의 방향은 항상 아래쪽으로 오도록 주의한다.

아래 부분은 라운드 브러쉬를 롤링해주면서 자연스럽게 커브를 만들도록 한다.

C컬

C 컬

디퓨저를 이용한 웨이브

디퓨저는 퍼머넌트 웨이브를 한 머리나 웨이브 머리, 모발에 텍스츄어가 풍부한 곱슬머리 등에 다양하게 사용할 수 있다.

특히 샴푸 후 타월드라이를 하여 과도한 수분을 제거한 뒤에 헤어 무쓰 등의 스타일링제를 도포한다.

적절한 스타일링제를 도포하여주면 후에 스타일이 좀 더 단단히 유지되도록 하여 준다. 디퓨저 사용시 모발 끝자락부터 디퓨저 안에 넣어준 뒤 모발을 구겨주듯이 하여 모근을 말려주고, 이때에 고개를 숙이게 하여 사용하면 더욱 풍성한 볼륨감을 얻어낼 수 있다.

반면에 보통의 드라이처럼 약간의 거리를 둔 후 말려주면 웨이브를 자연스럽게 연출할 수도 있다.

디퓨저를 이용한 시술

디퓨저 시술

전기 세팅기

전기를 이용하여 가열한 뒤 세팅기가 적정한 온도가 되면 모발에 브로킹을 나누어서 세팅을 말아주는 방법이다.

업스타일하기 전에 모발에 볼륨감을 주고 스타일링하기 편하도록 하기 위하여 사용하거나 세팅 후 브러시를 이용하여 빗어주고 다시 스타일링 하여도 된다.

시술하는 모발이 너무 젖어있으면 적절한 결과를 얻어 낼 수 없으므로 90% 이상 건조한 모발에 사용하거나 건조한 모발에 열을 보호해주는 스타일링제를 분사한 뒤 세팅하여도 된다.

전기 세팅기

세팅 스타일

물결 아이롱

기본적으로는 원통형 아이롱이나 플랫아이롱의 시술 원리와 동일하나 로드부분이 원형이나 납작한 형태가 아니라 물결웨이브를 할 수 있도록 중간에 한번 홈이 파인 형태로 이루어져 있다.

물결 웨이브는 세팅기를 만 후 코움아웃 시 드레싱을 통하여 만들어 줄 수도 있고, 드라이어를 이용하여 브러시로도 연출할 수 있으나 물결 아이롱기를 사용하면 시술시간에 있어 굉장히 스피드있게 작업할 수 있다는 장점이 있다.

반면에 물결의 모양을 자유자재로 만들 수 있는 것이 아니기 때문에 결과적으로 약간 부자연스러우며, 길이가 짧은 모발에는 사용하기 어렵다는 단점이 있다.

물결 아이롱기

물결 아이롱 시술

(7) 다이렉트 매직기

열판 부분에 계단식의 홈이 파여 있어 시술 후 모발에 지그재그 모양의 텍스츄어를 연출 할 수 있다. 과도하게 사용하면 모발손상의 원인이 될 수 있으므로 특별한 경우에 사용하도록 한다.

특히, 컬의 릿지 부분이 직각으로 꺾이게 되므로 부드러운 릿지와 비교하였을때 손상되거나 그러한 결과로 인해 절단될 수 있으므로 신중하게 사용하도록 한다.

다이렉트 매직기

다이렉트 매직기 시술 결과

5. 열기구 스타일링 팁

Tips of Thermal Equipment styling

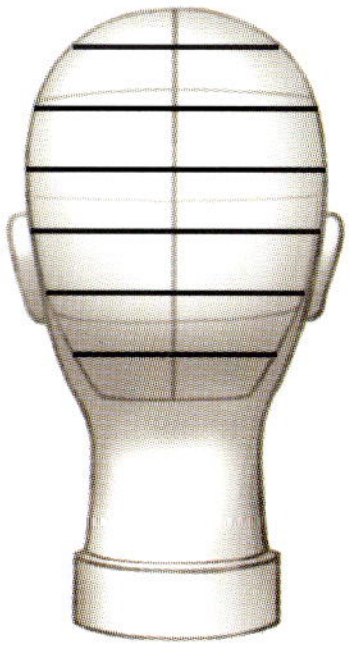

〈Horizontal〉

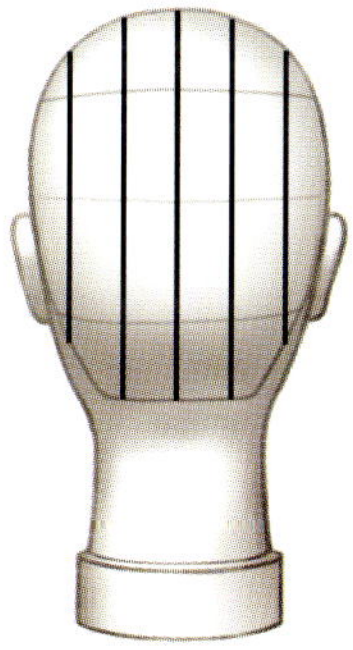

〈Vertical〉

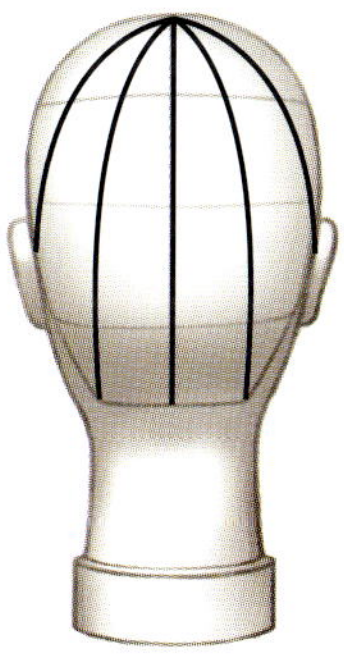

〈Pivot〉

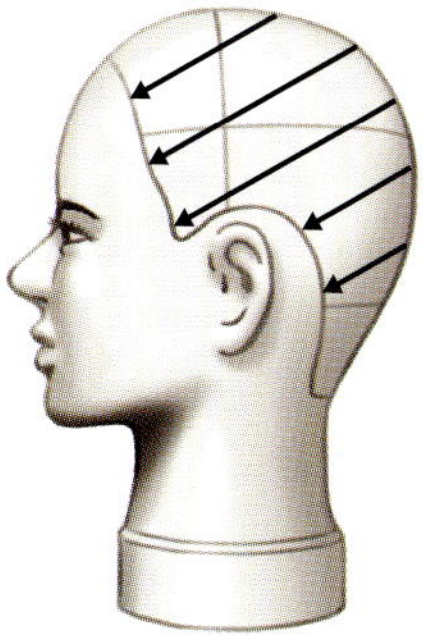

〈Diagonal forward〉

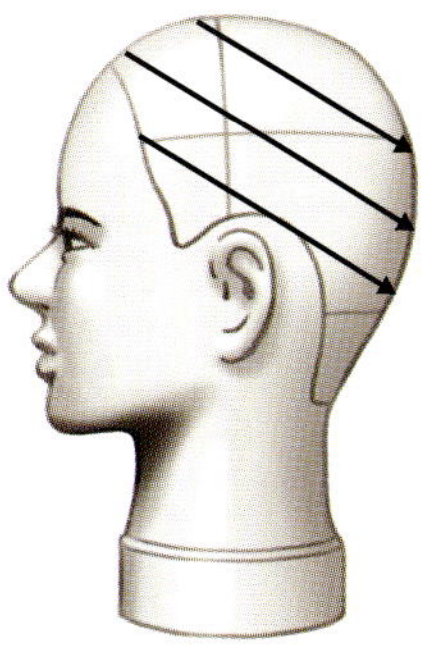

〈Diagonal back〉

모발의 이동

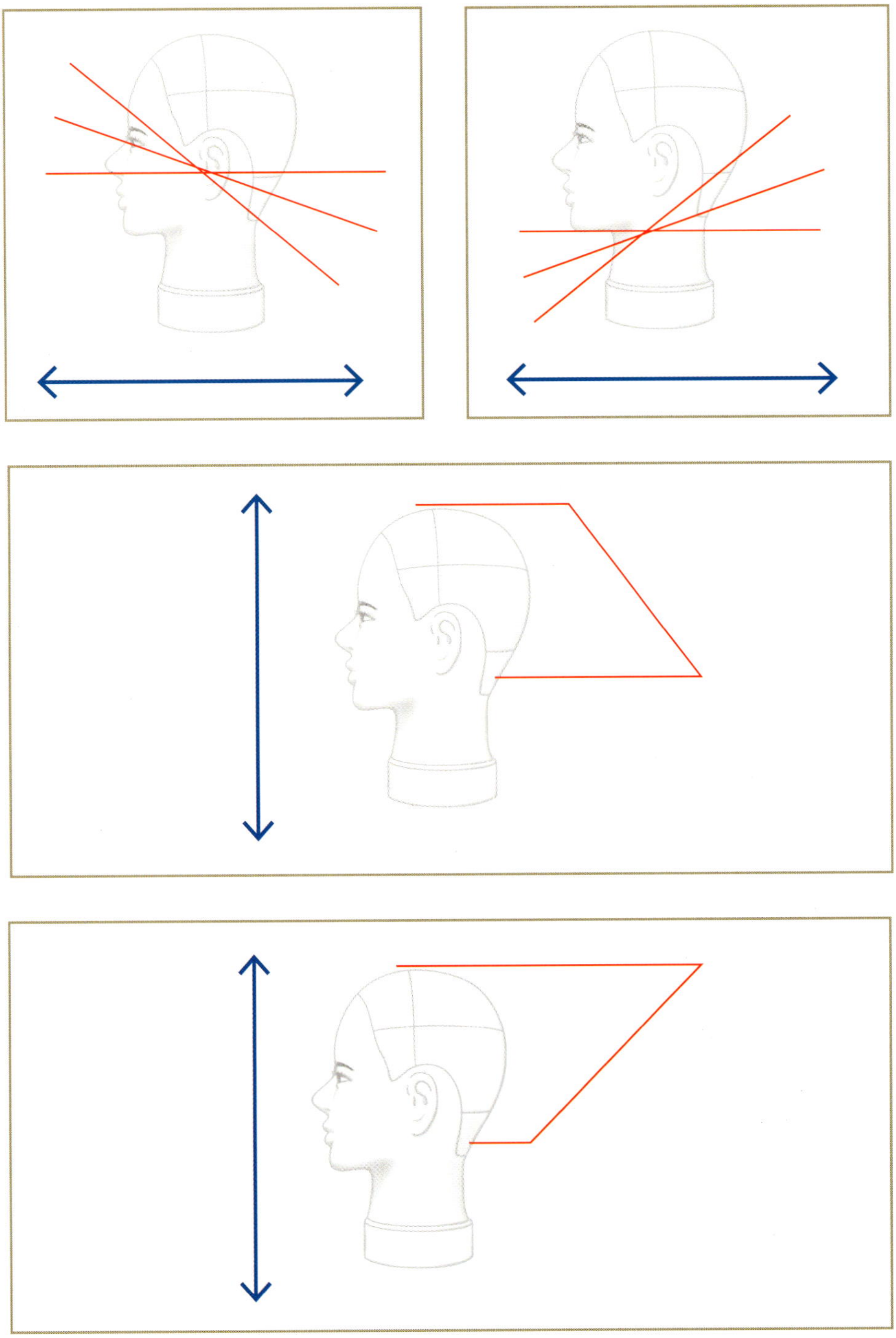

단차

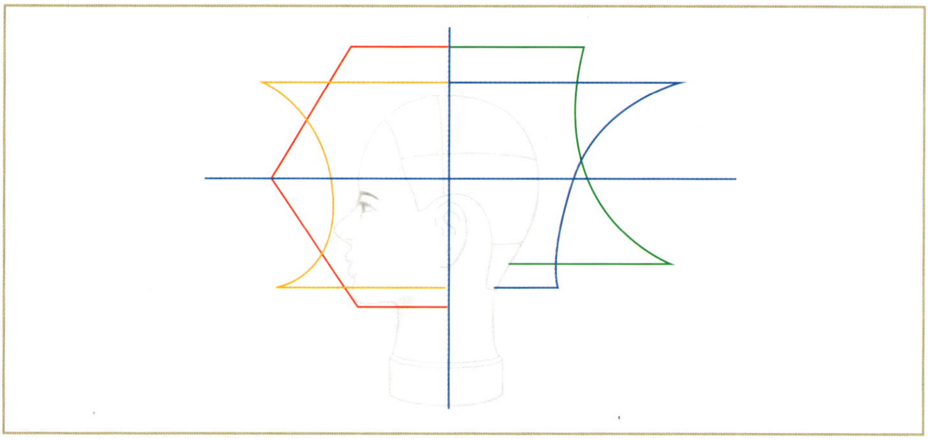

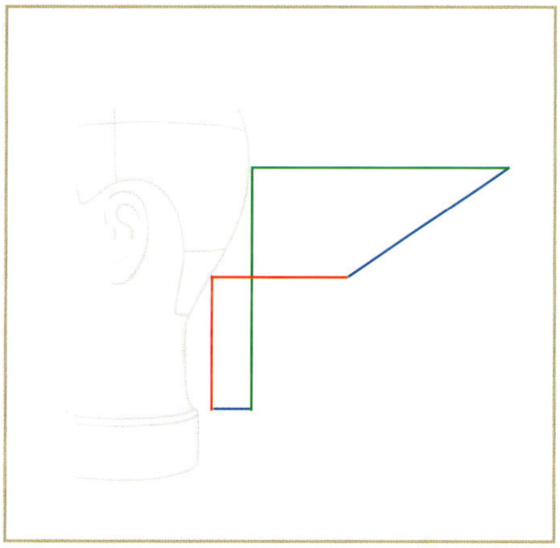

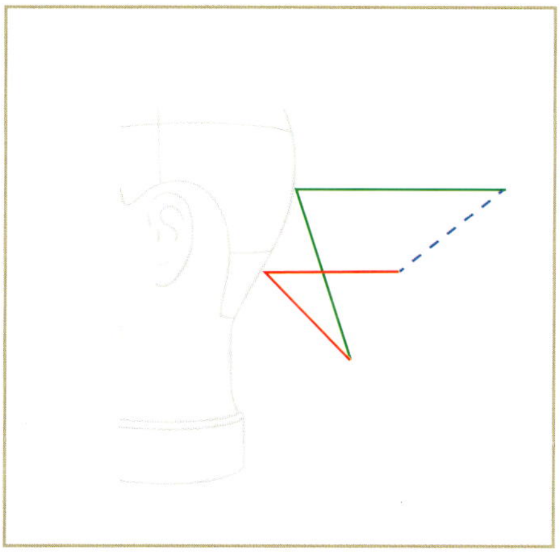

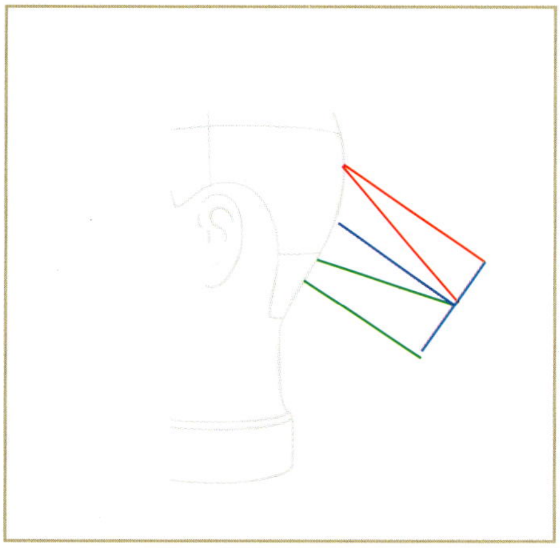

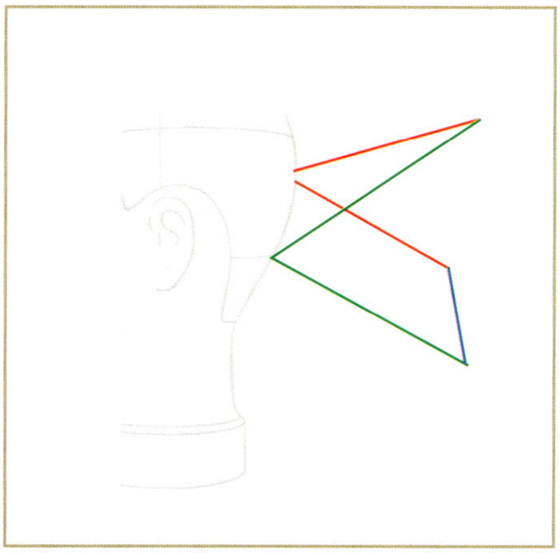

형태와 위치, 그리고 방향

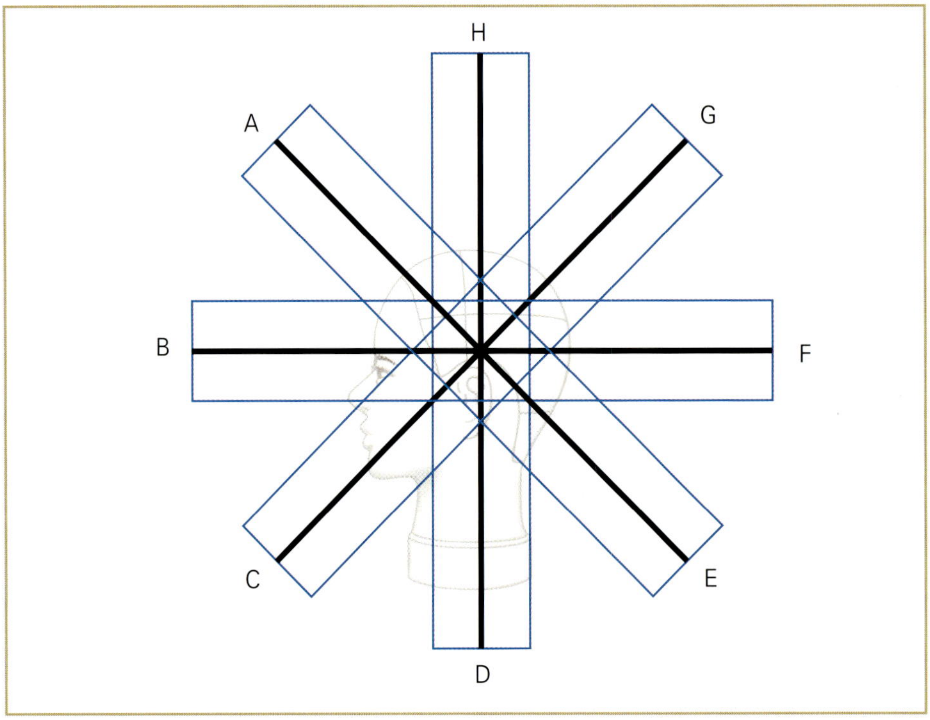

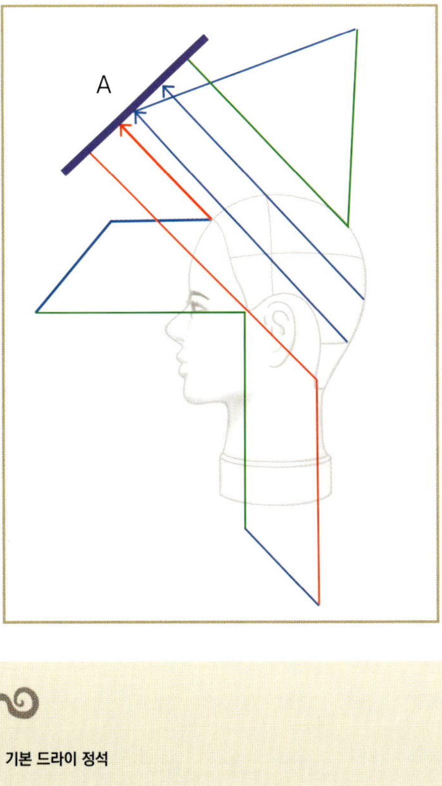

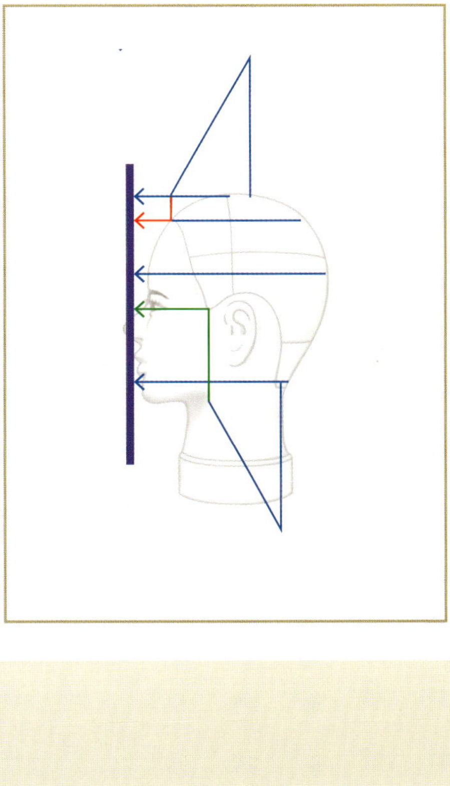

형태와 위치, 그리고 방향

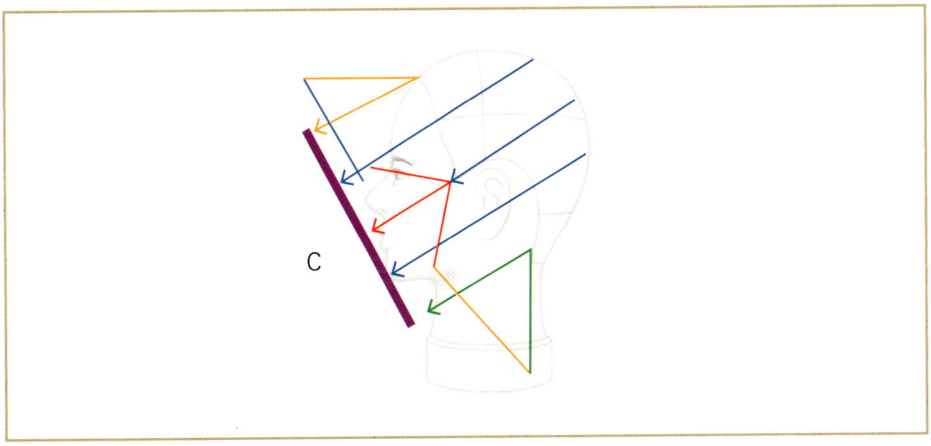

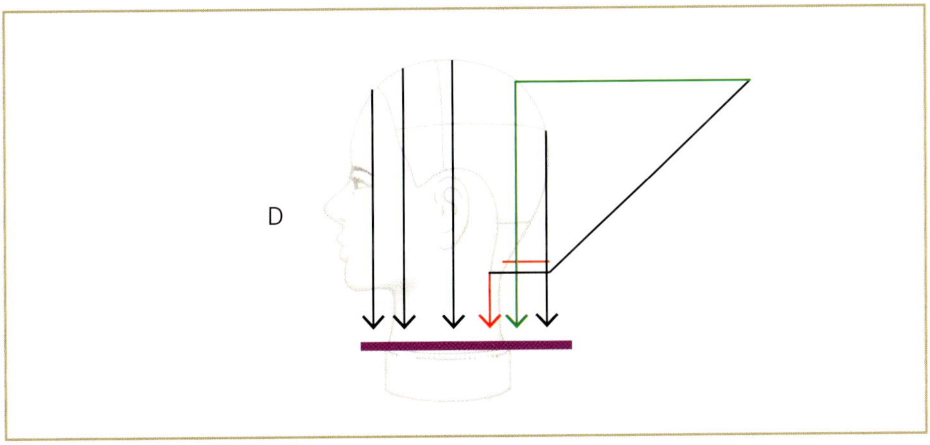

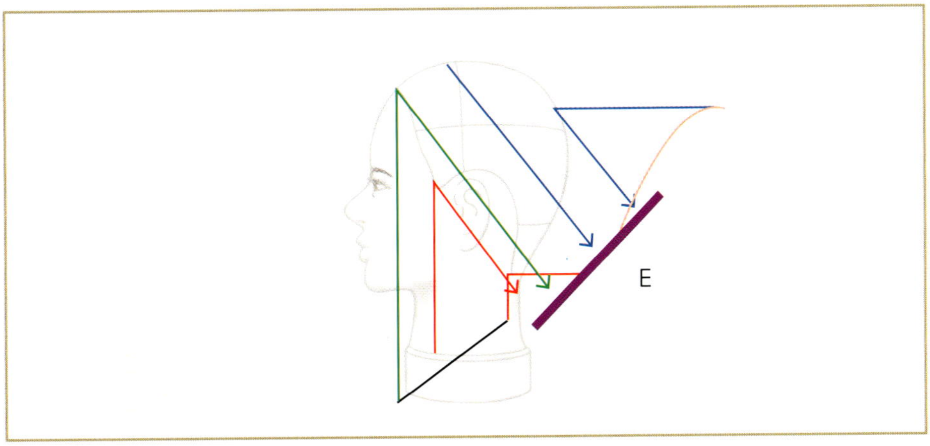

형태와 위치, 그리고 방향

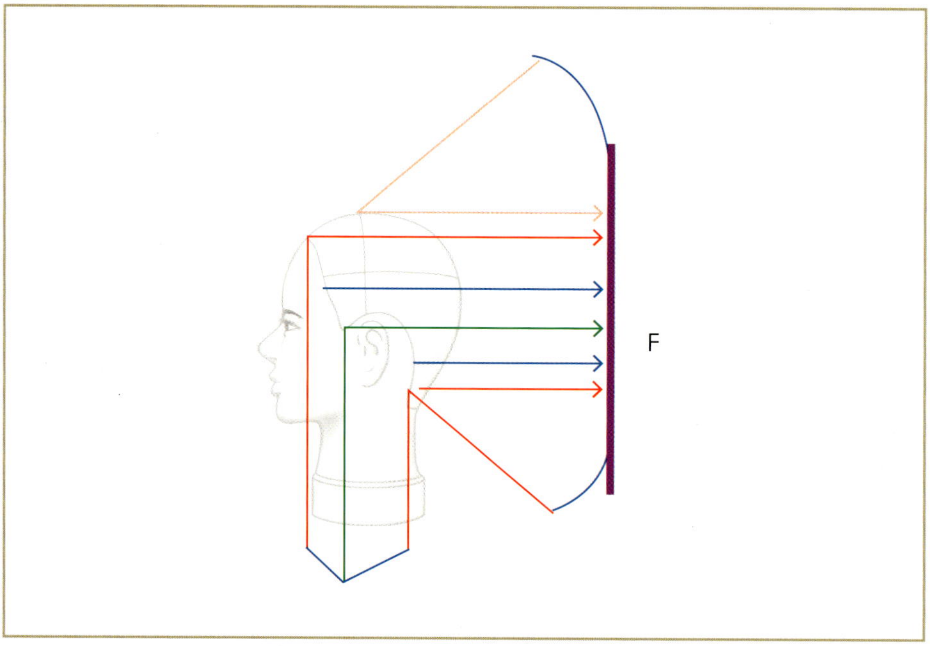

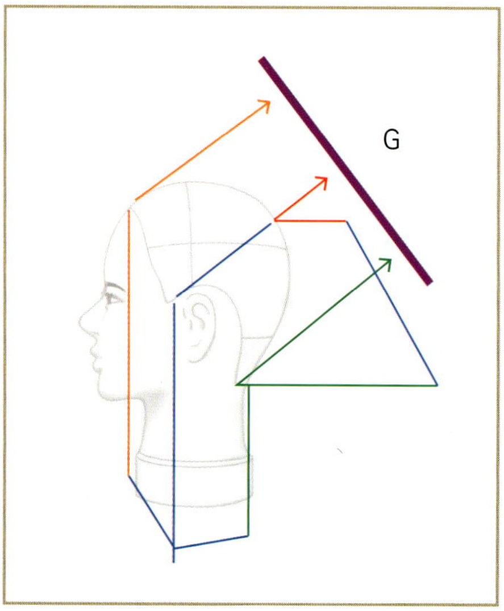

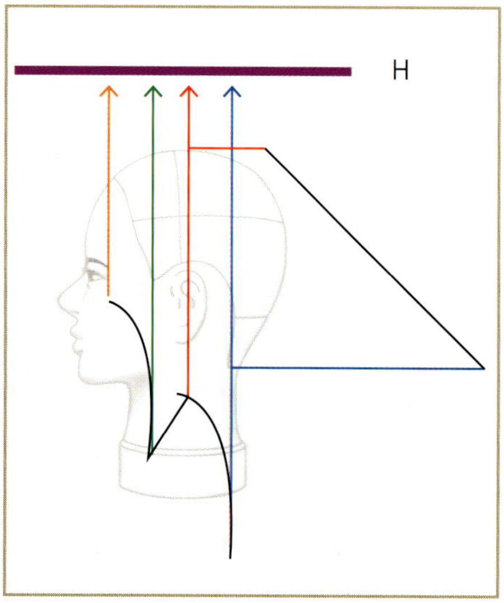

형태와 위치, 그리고 방향

가로 슬라이스

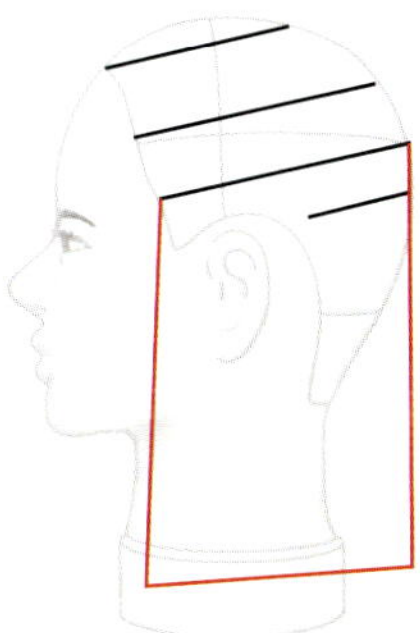

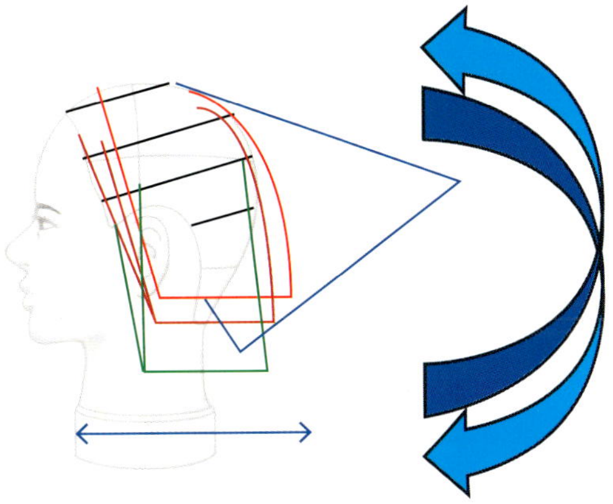

세로 슬라이스

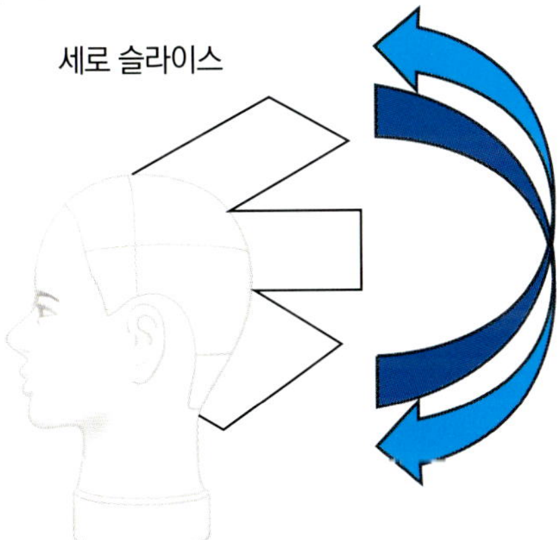

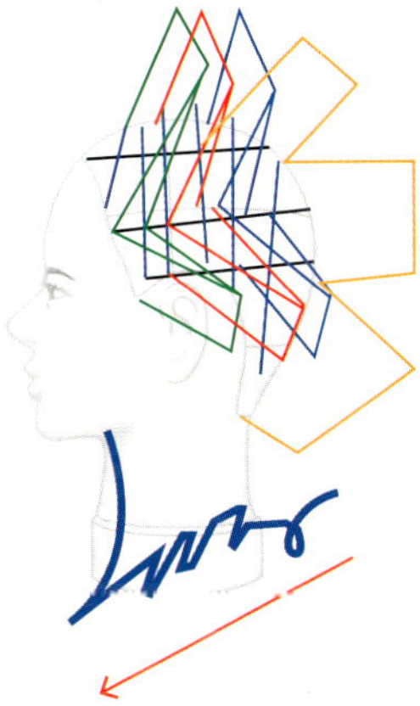

사선 슬라이스

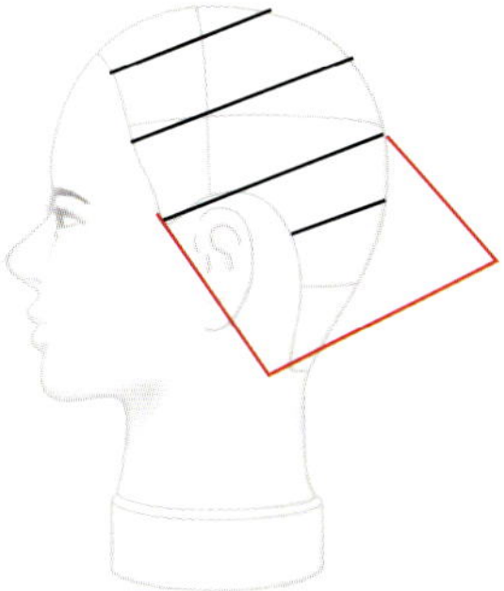

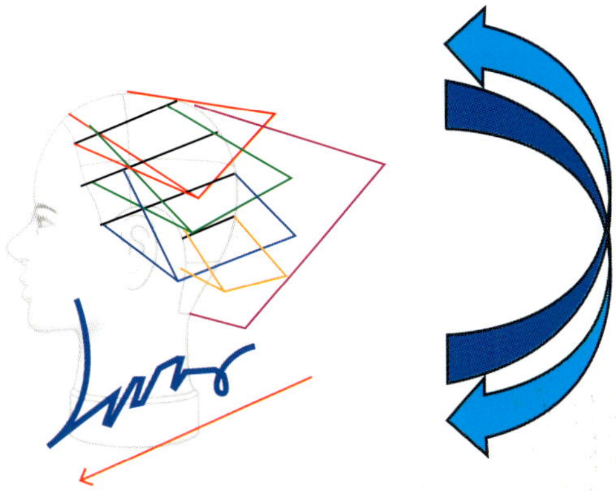

당김성의 원리

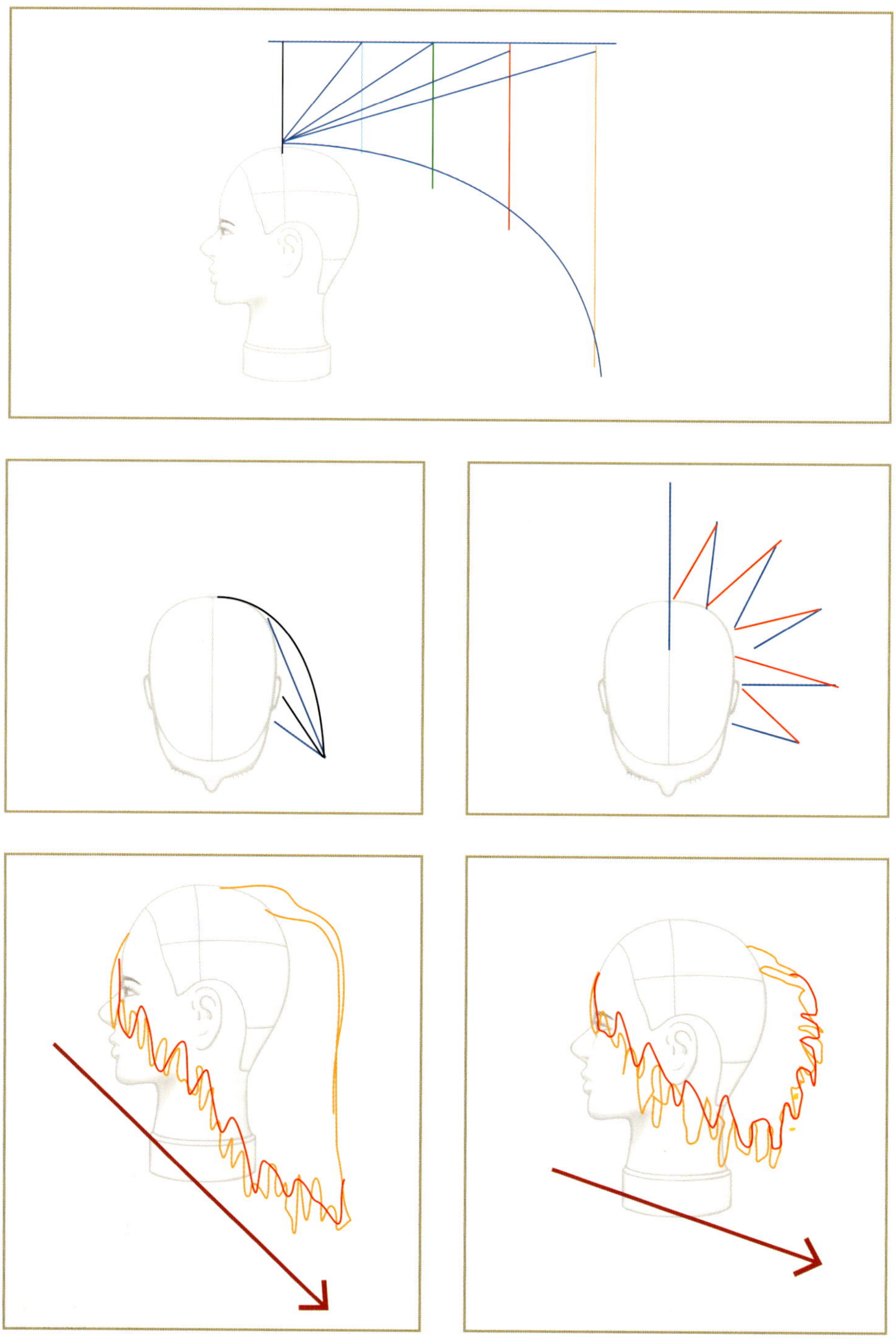

<table>
<tr><th></th><th>세로 슬라이스</th><th>가로 슬라이스</th><th>사선 슬라이스</th><th rowspan="5">능숙해질수록 “세로”로 컷트해도 “가로”로 컷트한 것 같은 결과를 내는 것.
또 “가로”로 컷트해도 “세로”로 컷트 한것 같은 결과를 내는 것은 가능하지만, 특정의 목표가 없을 때는 모험적인 방법은 하지 않는 것이 좋다.</th></tr>
<tr><td>프로세스</td><td>세로의 연결이 1차적으로 컷트되고, 오버 다이렉션에 의해 가로의 연속(아웃라인)이 2차적으로 발생</td><td>가로의 연결이 1차적으로 컷트뒥호 리프팅에 의해 세로의 겹침(프로파일라인)이 2차적으로 발생</td><td>가로의 연속(아웃라인)과 세로의 겹침(프로파일라인)이 동시에 발생한다. 오보 다이렉션과 리프팅의 효과를 동시에 사용한다.</td></tr>
<tr><td>세로의 겹침
(프로파일 라인)</td><td>가볍고 샤프해지기 쉽다.</td><td>무겁고 부드러워지기 쉽다.</td><td>중간</td></tr>
<tr><td>가로의 연속
(아웃라인)</td><td>가볍고 부드럽게 되기 쉽다.</td><td>단단하고 무겁게 되기 쉽다.</td><td>중간</td></tr>
<tr><td>스타일과의
조화</td><td>레이어계의 가벼운 스타일에 적합하기 쉽다.</td><td>그래쥬에이션의 무거운 스타일에 적합하기 쉽다.</td><td>그래쥬에이션 중에서도 경쾌한 스타일. 레이어계 중에서도 무거운 스타일에 적합</td></tr>
</table>

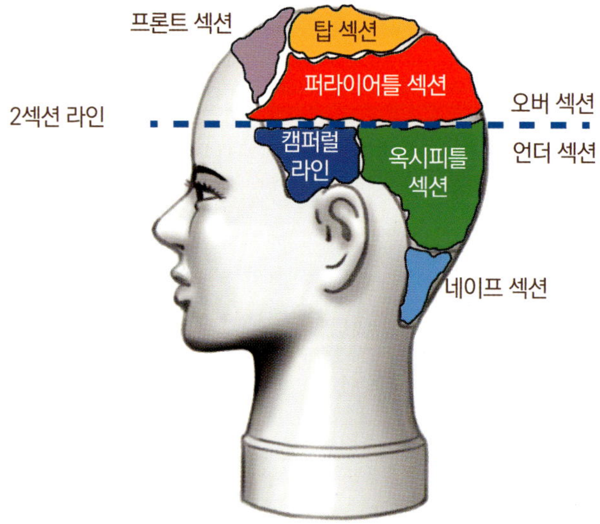

① **프론트 섹션**(Front Section)
앞머리의 디자인을 만드는 섹션
얼굴형태와 이목구비의 조화에 중요한 영향을 준다.

② **탑 섹션**(Top Section)
전체 디자인의 표면에 해당하는 섹션
디자인의 질감, 율동 ,포름의 높이에 중요한 영향을 준다.

③ **퍼라이어틀 섹션**(Parietal Section)
머리의 윗 부분에 있으며 가장 넓은 표면적을 가지고 있으므로 디자인 전체의 포름, 양감, 질감, 율동에 큰 영향을 주는 섹션. 양감 조절의 포인트인 두개골의 돌출을 내포하고 있다.

④ **템퍼럴 섹션**(Temporal Section)
사이드의 아웃 라인의 형태와 질감을 형성하는 섹션.

⑤ **옥시피틀 섹션**(Occipital Section)
표면에는 잘 보이지 않으며, 디자인 전체의 양감 조절 포인트가 되는 섹션. 후두부의 돌출을 내포하고 있다.

⑥ **네이프 섹션**(Nape Section)
백의 아웃 라인 형태와 질감을 형성하는 섹션

드라이(물리적 반응)는

모발에 물이 닿으면 건조한 상태보다 쉽게 늘어나는 모발내부의 족쇄 결합 중 수소결합이 일시적으로 끊어지게 되고 모발이 마르면 다시 재결합이 이루어진다. 모발의 결합이 약해진 틈을 이용해 열과 바람을 이용해 모발의 수분을 증발시키고 다시 결합이 이루어지기 전에 새로운 형태를 잡아주면서 건조시키면 그 형태대로 고정이 된다. 이때 열을 주어 원하는 방향대로 구부러지게 하거나 펴주고 또는 동그랗게 말아서 웨이브를 만들어 주는 것이다.

* 열이 사라질 때까지 기다려 줘야 함으로 열 조절 또한 중요하다.

예를들면...

열이 가해지면 모발의 모공이 열리고(퍼머의 경우 1제 역할), 롤 브러쉬의 크기에 따른 모양 형성(퍼머의 경우 롯트의 역할), 그리고 모발에 가해진 열이 식혀지는 과정에서 고정 (퍼머의 경우 2제 역할)이 된다.

드라이어를 선택할 때 유의할 점

① 풍량이 높을 것(바람의 양)

② 풍속이 빠를 것(바람의 속도)

③ 열과 바람의 비율이 잘 맞을 것(열은 높은데 바람이 약하거나, 바람은 강한데 열이 낮은 것)

④ 열량이 많으면서도 소음이 적은 것

⑤ 지나치게 무겁지 않은 것

⑥ 모터부근 (가운데 둥그런 부분)에 휠터가 있는 것(드라이 시술 시 모발이 낄 염려가 있다.)

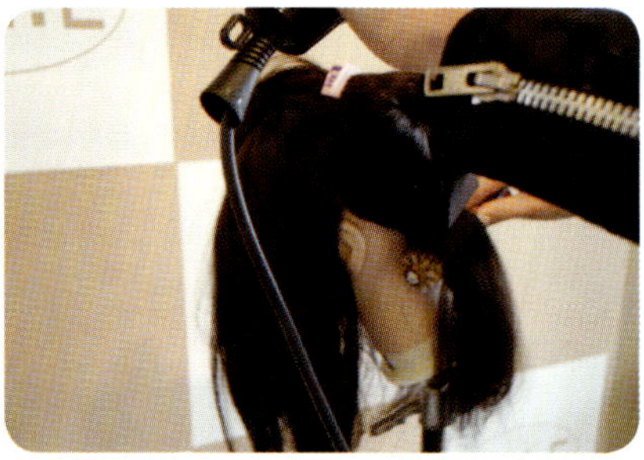

01 섹션은 롤의 크기를 중심으로 단자(커트) 및 고객의 모발의 모량에 따라 차이를 두어 나누고, 빗질을 진행한 후 롤을 두피 가까이 안착시키고 드라이어의 노즐을 롤에 댄다.

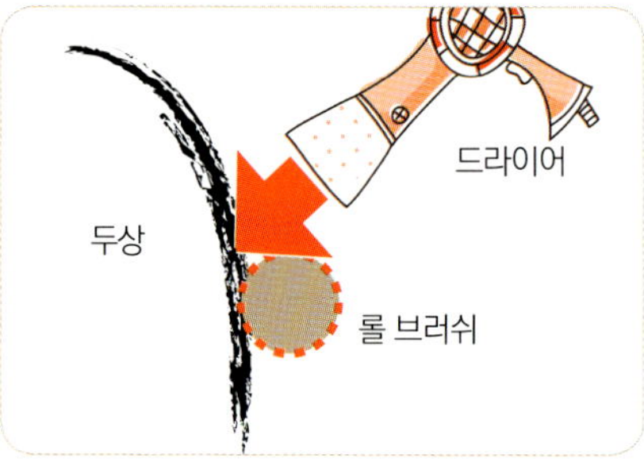

잘못된 습관

02 드라이어와 롤브러쉬는 타원을 그리며 C자를 그리며 동작을 구사한다.

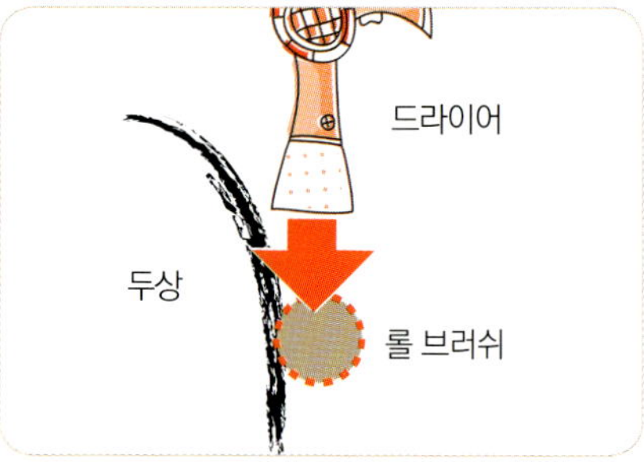

올바른 습관

03 드라이어의 노즐이 모발의 큐티클 반대 방향으로 적용되지 않도록 주의한다.

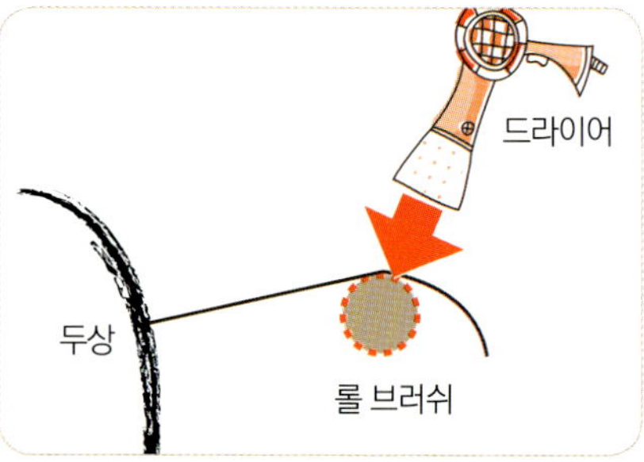

잘못된 습관

04 컬의 탄력감을 높이기 위해 롤브러쉬와 모발 사이의 탠션을 강하게 유지한다.

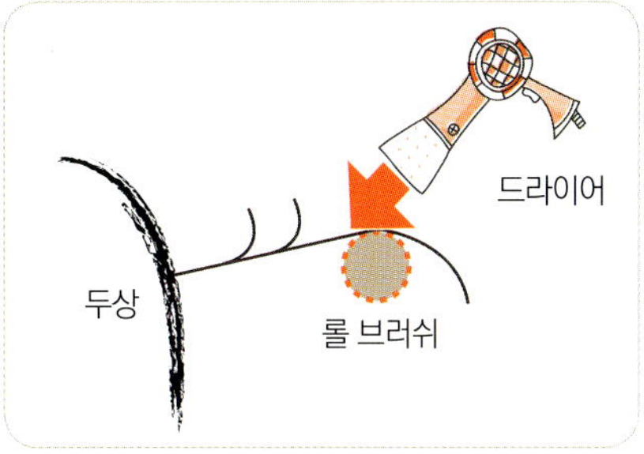

올바른 습관

05 모발 끝 부분의 C컬 작업은 롤 회전수에 따라 탄력 및 유지기간에 차이가 있다.

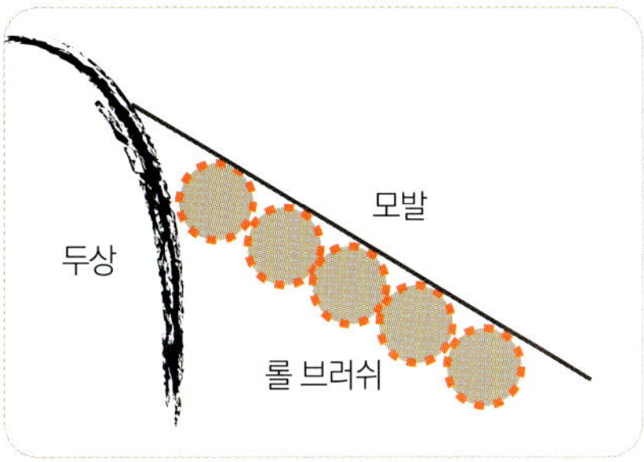

올바른 습관

06 모발의 끝부분은 롤 브러쉬의 잔열을 이용하여 큐티클 보호 및 안정을 준다. 이때, 롤 브러쉬를 회전하면서 마무리를 해야 방향성 및 C컬의 윤기를 더한다.

6. 열기구 스타일링 실습

Practice of Thermal Equipment styling

1) 아이롱의 기본 S 컬
2) 플랫 아이롱의 기본
3) 세미 롱 그래쥬에이션의 기본 블로우 C컬
4) 그래쥬에이션&박스 레이어의 혼합형 기본 C컬 드라이
5) 기본 아이롱의 정석
6) 정석A라인의 블로우 C컬 드라이
7) 기본 물결의 정석
8) 기본 사모님 블로우 드라이의 정석

아이롱의 기본S컬

Practice of Thermal Equipment styling

적당한 정도의 열이 오른 상태의 아이롱 기기를 웨이브가 시작될 지점에 위치 한 후 수평으로 말아 들어가기 시작한다. (180도를 기준으로 모발상태에 따라 조절한다.)

모발의 끝부분의 방향을 결정함으로써 웨이브나 릿지의 방향을 결정하게 된다.

모발을 아이롱 기기안으로 말아 넣는다. 이때 시술자의 손에 화상의 유의하여 시술한다.

원하는 만큼의 릿지를 형성한 후 플립을 닫아 일정시간동안 컬을 형성한다. 이때 주의할 점은 플립을 닫을 때 모발에 자극이 생기지 않도록 주의하며 충분하게 열을 식혀준다.

플랫아이롱의 기본

Practice of Thermal Equipment styling

플랫 아이롱을 시술할때에는 모근부분이 꺾이지 않도록 두상의 각도와 90도를 유지하여 일정하게 펴준다.

모근부분의 스타일링이 완성되었으면, 자연스럽게 중단으로 내려온다.

이때 힘을 너무 많이 주게 되면 자국이 생길 수 있으므로 유의한다.
충분히 힘을 빼고 시술하는 것이 시술자의 피로도감소에 기여한다.

한 번에 작업하지 않고 임의의 구역을 정하여 2~3번에 나누어 시술한다.
중간중간 빗질을 해주어 모발의 표면을 매끄럽게 해준다.

플랫 아이롱의 전진방향 뒤에 꼬리빗을 대주어 모발의 정돈 및 아이롱의 지지대 역할을 해준다.

힘을 뺀 상태로 모발의 끝까지 자연스럽게 각도를 유지하며 펴준다.

세미 롱 그래쥬에이션의 기본 블로우 C컬

Practice of Thermal Equipment styling

네이프의 첫단을 정할 때는 모발의 길이에 따라 롤을 선정한다

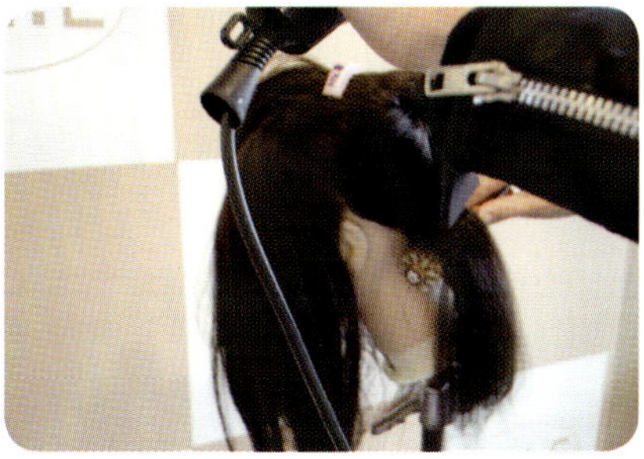

네이프 구역의 C컬을 표현하기 위해서는 고객의 고개를 숙이게 한다

네이프와 백은 질감의 양을 크게 잡는 게 일반적이라 컬의 탄력을 표현하기 쉽다

텐션을 잃지 않는다

두피에 열이 과해지지 않게 드라이어의 노즐 각도에 주의한다

기존 모발의 퍼머 여부에 따라 열을 조정한다

원렝스에 가까울수록 열의 대입은 크다

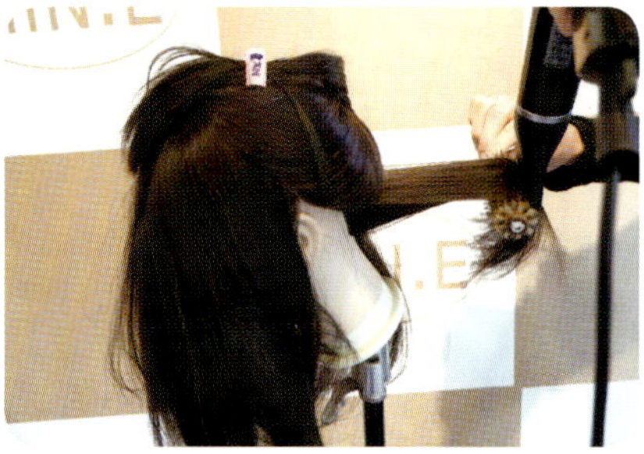

C컬은 두피부터 모발까지 연결되는 C컬이 되어야 한다

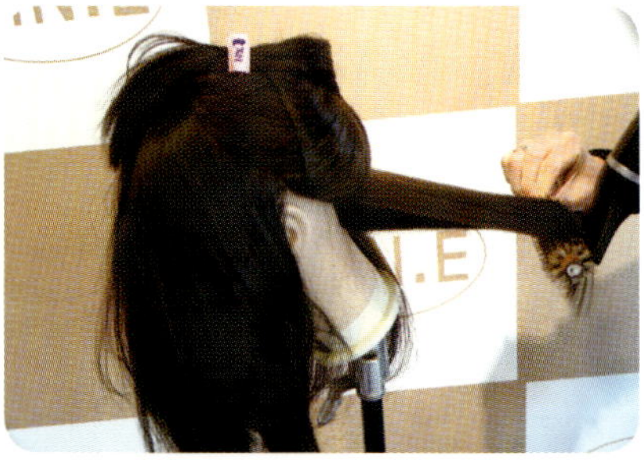

레이어일 경우에는 모발의 양이 적어 컬의 탄력이 과해질수 있다

고객이 곱슬기가 있는 경우에도 컬의 탄력이 과해질수 있으니, 롤브러쉬 선정 및 열 대입을 주의할 것

모발의 끝부분에는 롤브러쉬의 잔열을 이용하여 과열을 막는다

C컬의 탄력 확인

오른쪽 부분은 왼쪽 부분에 비해 더 많은 탄력을 필요로 하기 때문에 섹션의 양을 적게 한다

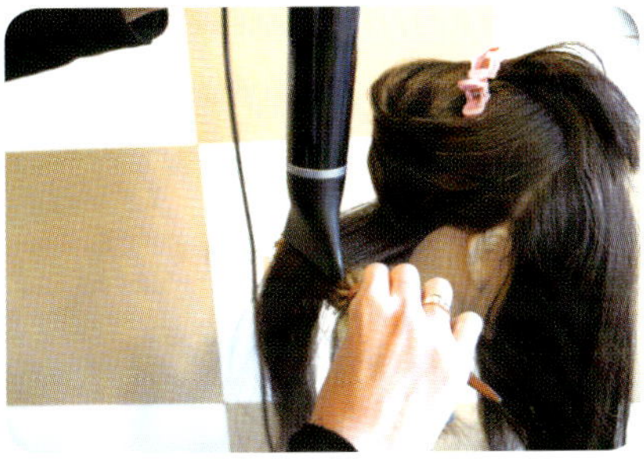

오른쪽 네이프의 탠션 유지

미디움이나 롱 기장에서 고객의 어깨를 고려해서 뻗치지 않게 드라이한다

오른쪽 드라이는 오른손 잡이 디자이너들에게 어려움이 있다

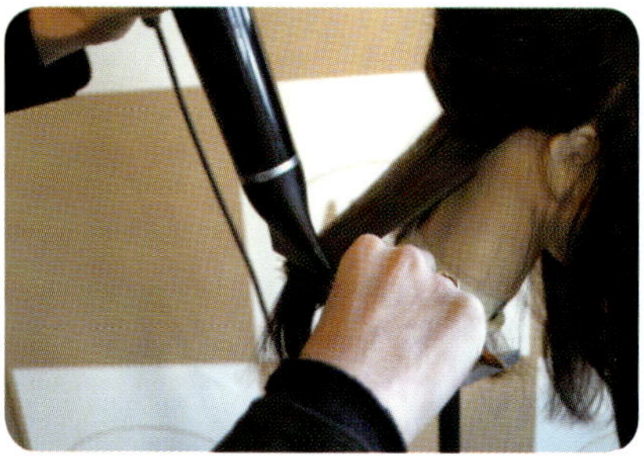

어깨에 모발이 뻗치지 않게 열의 양을 더 대입한다

탄력있는 C컬을 표현

두피부터 C컬 적용

상단의 모발 양을 이길 수 있는 탄력있는 볼륨감 설정

텐션 유지

모발의 길이가 길 경우 중간 부분에서 한 템포 쉬고

모발의 C컬을 만들기 위해 드라이어와 롤 브러쉬를 C자 형태로 대입한다

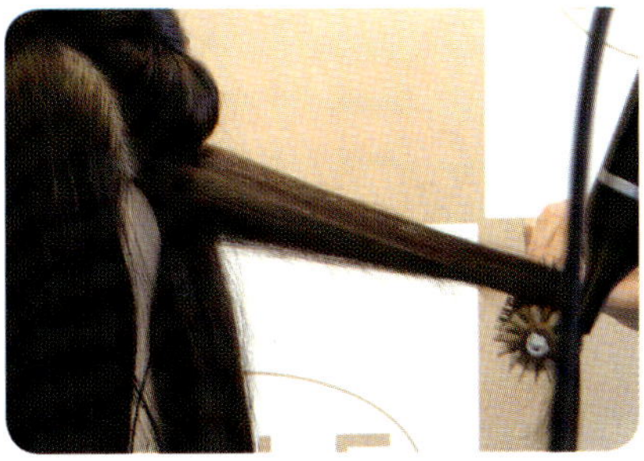

모발의 텐션 유지

섹션의 양과 컬의 탄력은 서로 영향이 있으니 주의

롤브러쉬의 잔열을 이용해 윤기를 부여

모발을 깨끗이 정리한 후

볼륨감을 위해 100도 이상의 각도 선정

두피도 모발도 100도 이상의 볼륨감 표현

볼륨감 드라이 시에도 텐션 유지

상단과 하단이 연결되는 뷰위에서 각도를 점차 내린다

텐션유지

볼륨감과 방향을 동시에 표현

볼륨감 확인

두피에 볼륨감을 위해 120도의 각도를 대입한다

120도 각도에서 바로 C컬 적용

상단으로 올라갈수록 볼륨감에 집중한다

볼륨감을 올릴수록 섹션의 양을 적게 잡는다

드라이의 텐션을 놓치지 않는다

모발의 끝부분에 큐티클 안정을 위한 열 조절

상단의 마무리는 항상 방향성있게 마무리 한다

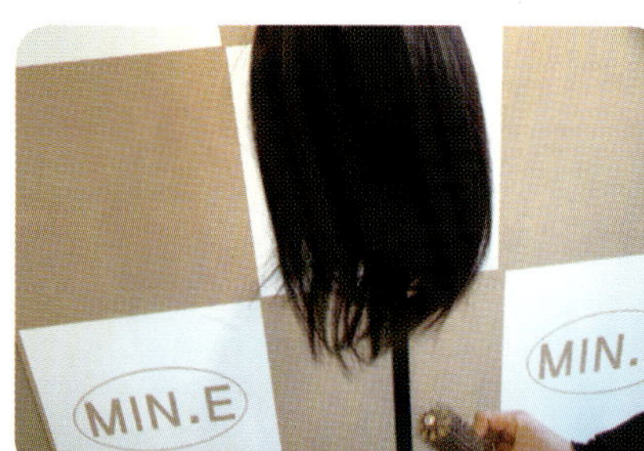

큐티클의 안정을 위해 롤브러쉬는 천천히 뺀다

사이드 구역은 모발의 양이 많지 않다는 걸 염두

모발의 양이 적기 때문에 두피의 C컬 대입은 더 탄력있게

탄력을 위해 열의 대입을 더 길게, 냉각도 더 오래

텐션을 잃지 않는다

커트 디자인이 U라인일때와 A라인일때의 마무리 방향성을 다르게 신경쓴다

모발 끝부분은 방향성있게 마무리한다

사이드의 탑부분은 볼륨감을 살려서 드라이 한다

사이드의 탑부분의 끝부분은 컬링이 과하지 않게 한다

보여지는 표면은 윤기 부여를 위해 열을 조절 한다

모발의 끝부분은 방향성있게 마무리

완성된 작품

완성작 1

완성작 2

완성작 3

그래쥬 에이션&박스레이어의 혼합형 기본C컬 드라이

Practice of Thermal Equipment styling

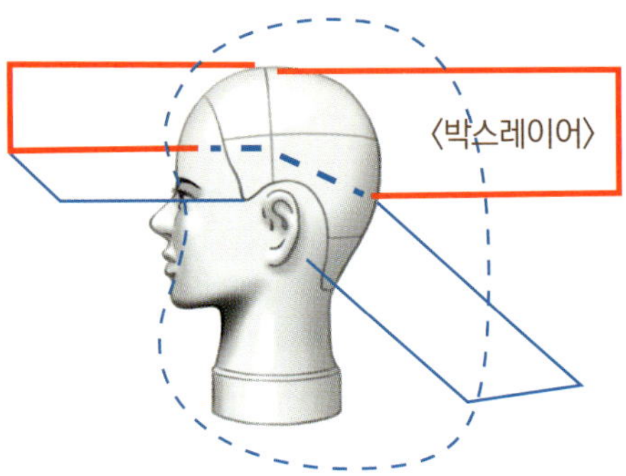

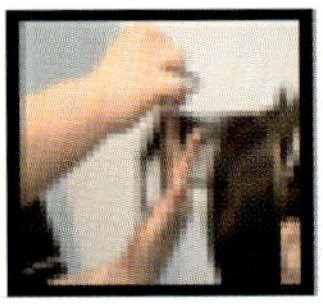

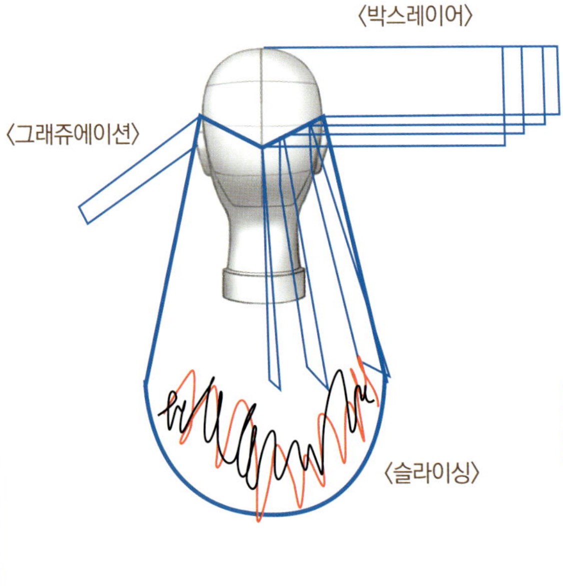

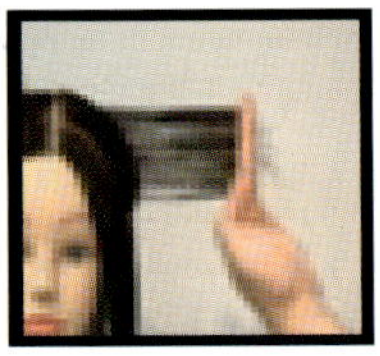

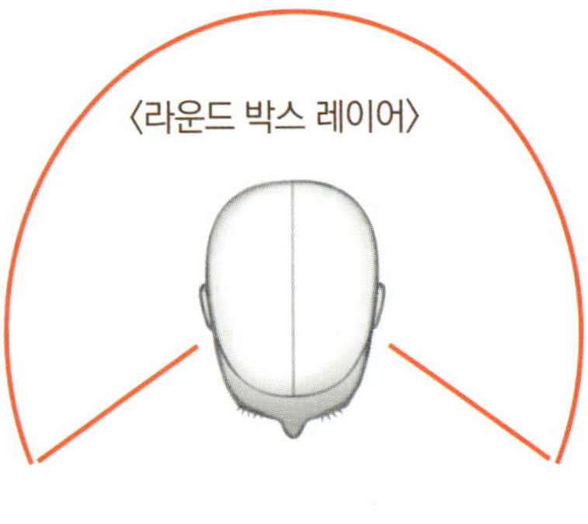

4등분을 나누어 네이프 하단부터 진행한다.

두상각에 맞게 각도를 낮추어 시술한다.

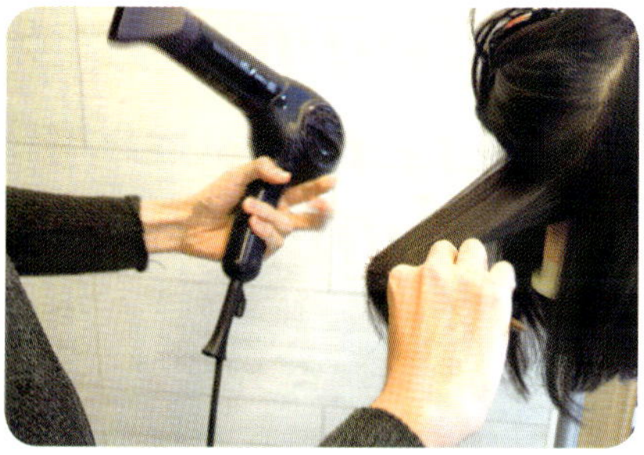

상단과 중단의 매끄러움을 표현한다.

하단의 C컬 부분을 형성한다.

충분히 회전 및 뜸을 들여준다.

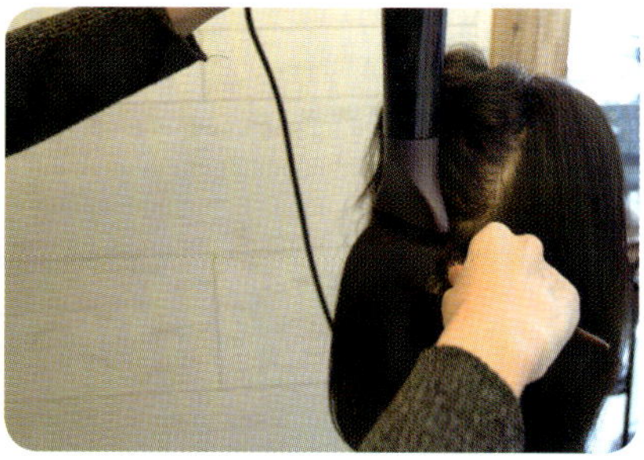

모근부분을 잡아주어 볼륨감을 형성한다.

모근부분에 이어 중단에도 볼륨감을 형성한다.

하단부분까지 포물선을 그리며 자연스럽게 연결해준다.

하단의 C컬 부분을 형성한다.

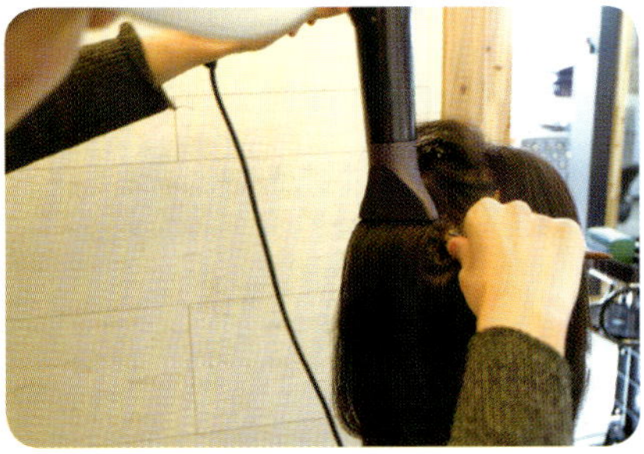

역시 마찬가지로 모근부에 자연스러운 볼륨감을 형성한다.

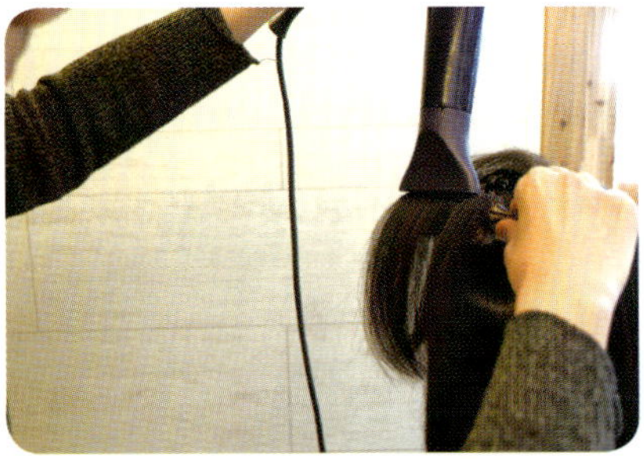

모근부분에 이어 중단에도 볼륨감을 형성한다.

하단의 C컬 부분을 형성한다.

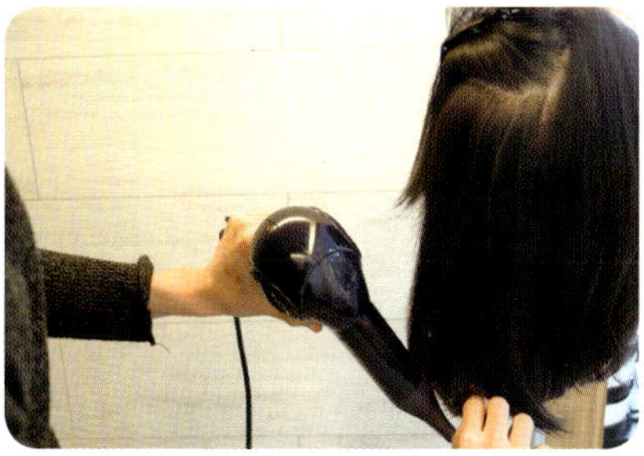

하단의 C컬이 제대로 형성될 수 있도록 충분히 식혀준다.

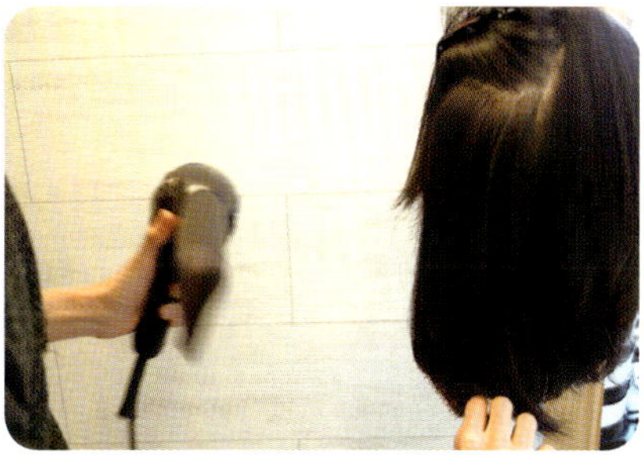

형성된 C컬을 방향성 있게 브러쉬를 빼준다.

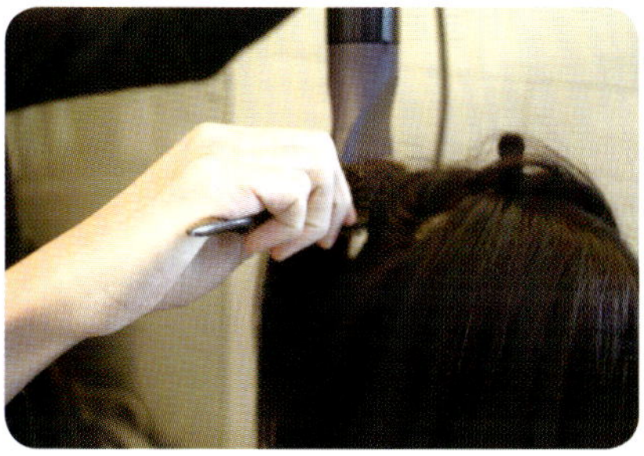

자연스러운 뿌리볼륨을 잡아준다.

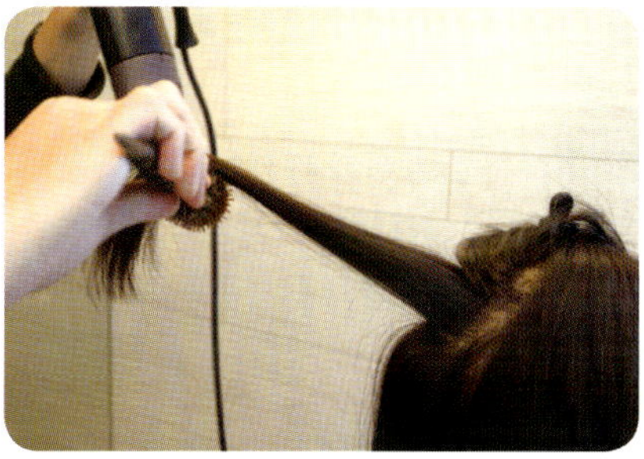

사이드부분도 마찬가지로 자연스럽게 포물선을 그리며 드라이한다.

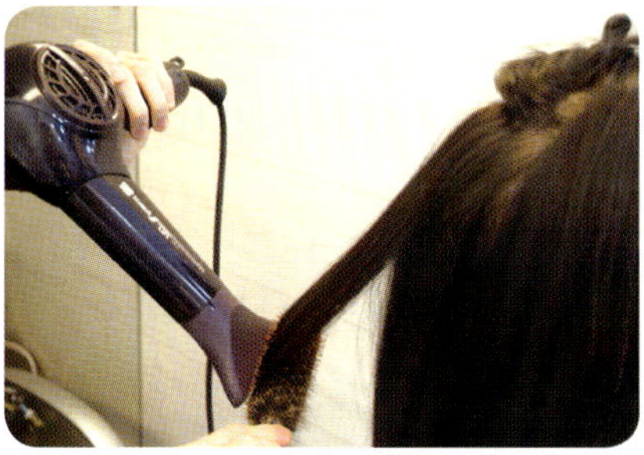

하단의 C컬이 제대로 형성될 수 있도록 충분히 식혀준다.

상단의 뿌리볼륨을 잡아준다.

상단과 중단의 표면을 자연스럽게 연결시켜 준다.

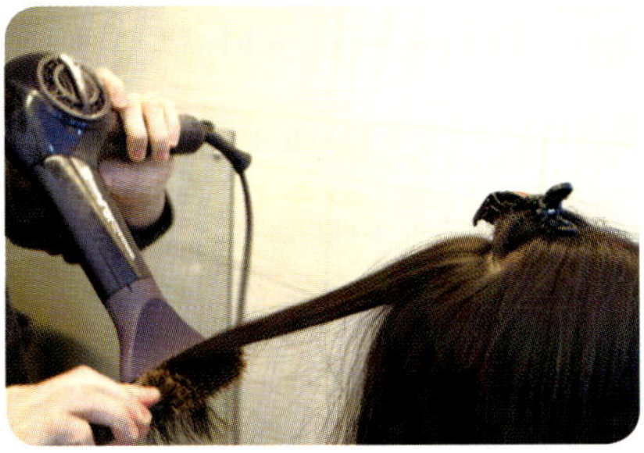

면을 매끈하게 드라이한 후 하단의 C컬을 형성한다.

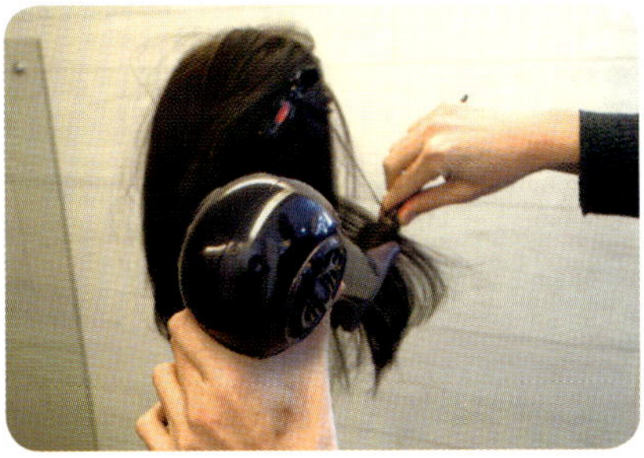

사이드 부분은 방향성을 신중하게 고려하여 드라이한다.

하단의 C컬을 형성한다.

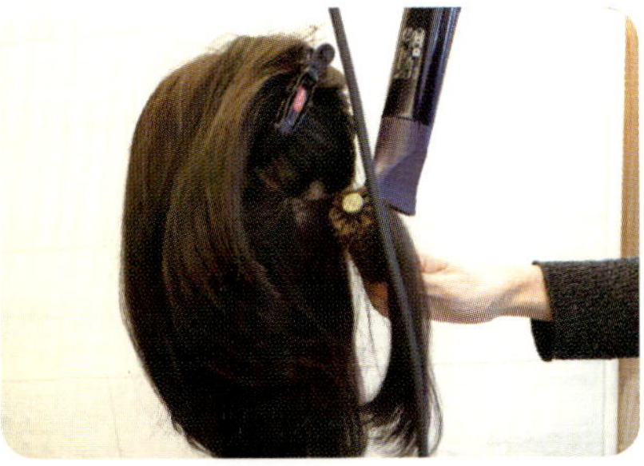

사이드 부분 역시 자연스러운 뿌리 볼륨을 살려주는 것이 중요하다.

하단의 C컬을 형성한다.

C컬이 잘 형성될 수 있도록 충분하게 열을 식혀준다.

Forward(앞방향)으로 방향성을 주어 브러쉬를 빼준다.

자연스럽게 포물선을 그리며 전체적인 C컬을 형성한다.

중단과 하단을 나누어 드라이 해준다.

하단의 C컬을 형성한다.

사이드 부분의 경우 방향성을 고려해 드라이 해준다.

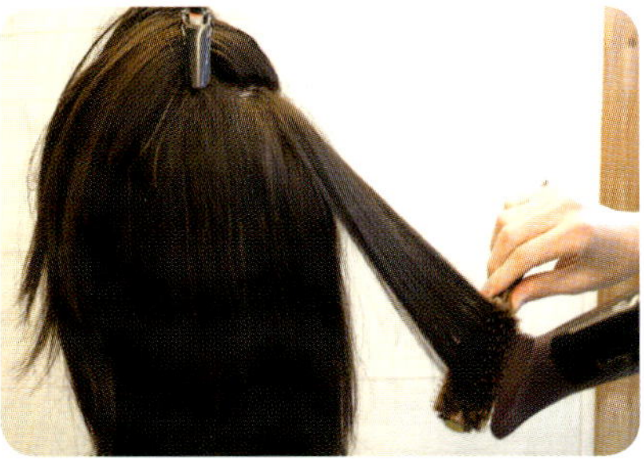

하단의 C컬을 형성한다.

상단의 뿌리볼륨을 잡아준다.

자연스럽게 포물선을 그리며 중단을 연결한다.

하단의 C컬을 형성한다.

사이드부분의 뿌리볼륨을 살려준다. (이때 너무 과하지 않게 한다.)

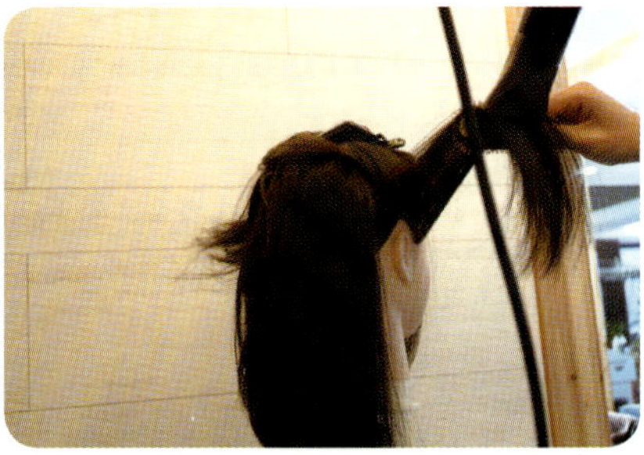

각도를 살짝들어 전체적인 C컬을 형성한다.

하단의 C컬을 형성한다.

상단의 뿌리볼륨을 잡아준다.

포물선을 그리며 전체적인 C컬을 만들어준다.

하단의 C컬을 형성한다.

상단의 뿌리 볼륨을 잡아준다.

각도를 높혀 적당한 볼륨감을 넣어 전체적인 C컬을 만들어준다.

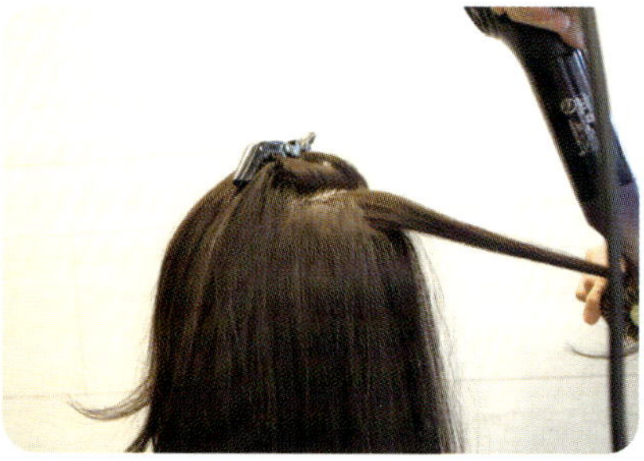

하단의 C컬을 형성한다

최상단의 경우 뿌리볼륨이 꺽이지 않도록 유의하여 드라이한다.

중단부분의 매끄러운 면을 형성해준다.

중단과 하단의 자연스러운 연결을 해준다.

하단의 C컬을 형성한다.

C컬이 잘 형성될 수 있도록 충분히 식혀주어 브러쉬를 빼준다.

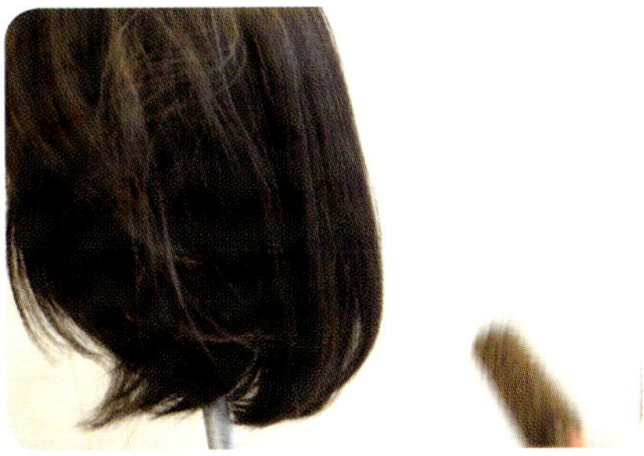

방향성있게 브러쉬를 빼준다.

상단의 뿌리볼륨을 잡아준다.

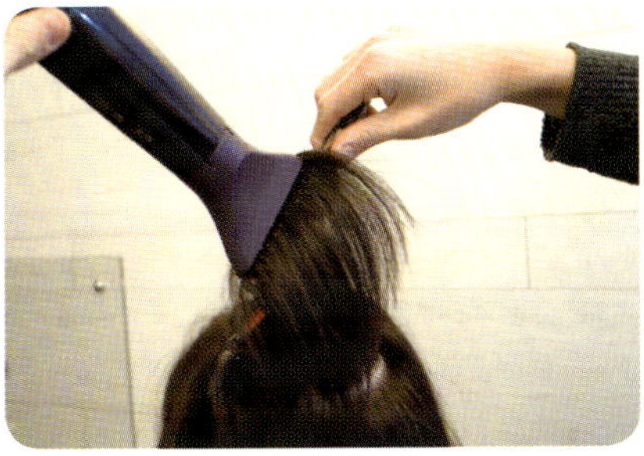

상단과 중단의 자연스러운 볼륨감을 연출한다.

중단과 하단을 나누어 표면을 매끄럽게 드라이한다.

하단의 C컬을 형성한다.

사이드부분 역시 자연스러운 뿌리볼륨을 잡아준다.

포물선을 그리며 표면을 매끄럽게 드라이 한다.

하단의 C컬을 형성한다.

C컬이 잘 형성될 수 있도록 충분히 열을 식혀준다.

Forward(앞방향)으로 브러쉬를 빼준다.

마찬가지로 표면을 매끄럽게 드라이 해준다.

하단의 C컬을 형성한다.

방향성을 가지며 Forward(앞 방향)로 브러쉬를 빼준다.

표면을 매끄럽게 드라이해준다.

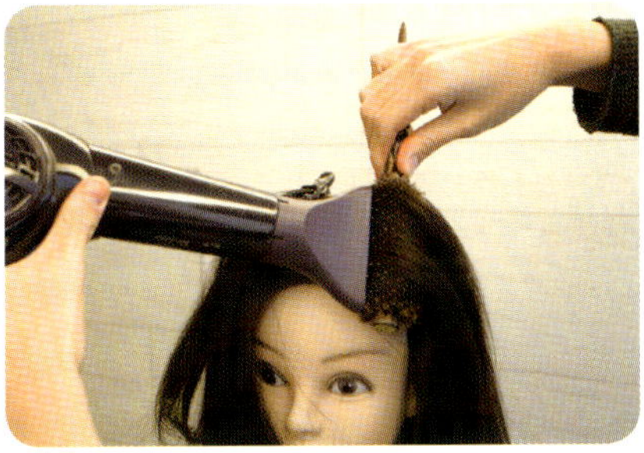

앞머리부분은 릿지를 형성하여 따로 드라이한다.

상단의 뿌리 볼륨을 잡아준다.

앞머리는 Forward(앞 방향)이 아닌 reavers(역방향)으로 드라이해준다.

완성된 작품

기본 아이롱의 정석

Practice of Thermal Equipment styling

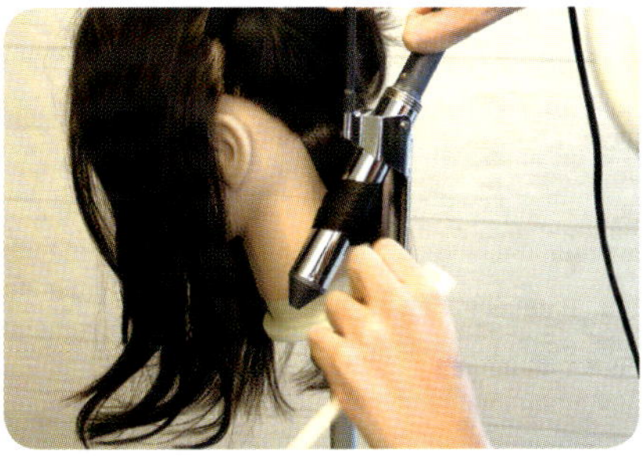

4등분을 한뒤 네이프부분의 하단부터 진행 한다.

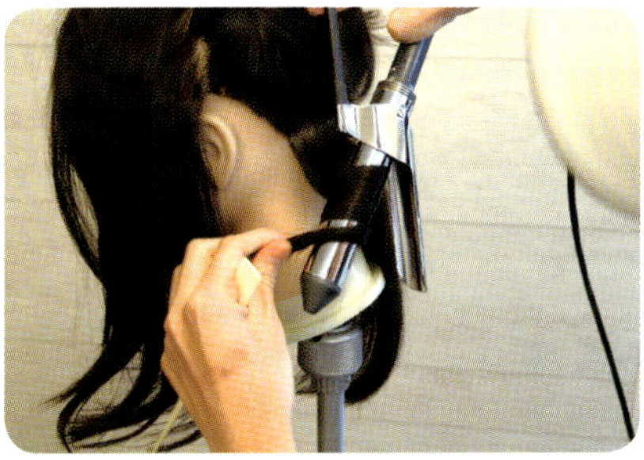

Forward(앞 방향)로 컬을 말아준다.

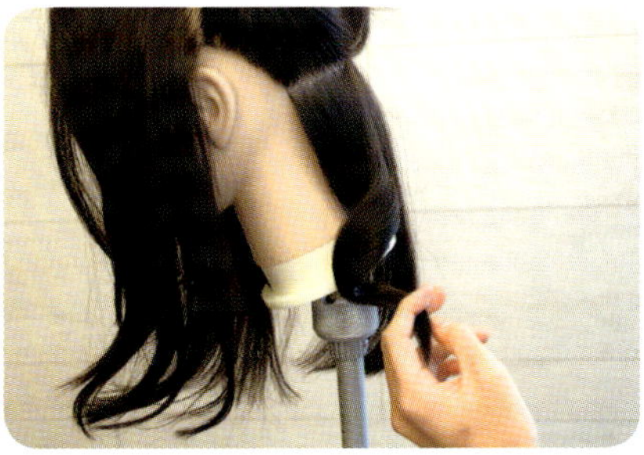

웨이브가 제대로 형성될때까지 잘 식혀준다.

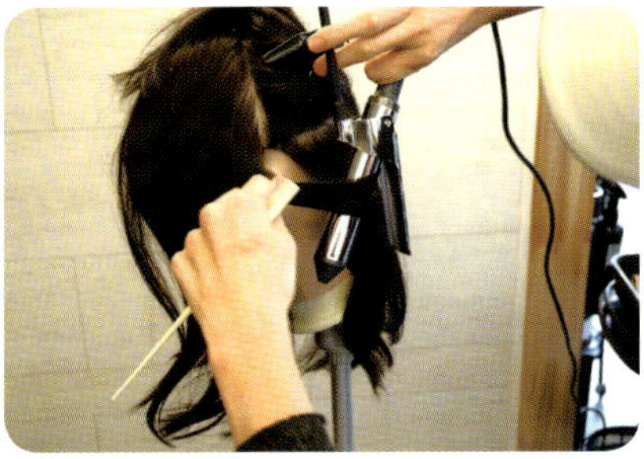

다음단역시 Forward(앞 방향)로 말아준다.

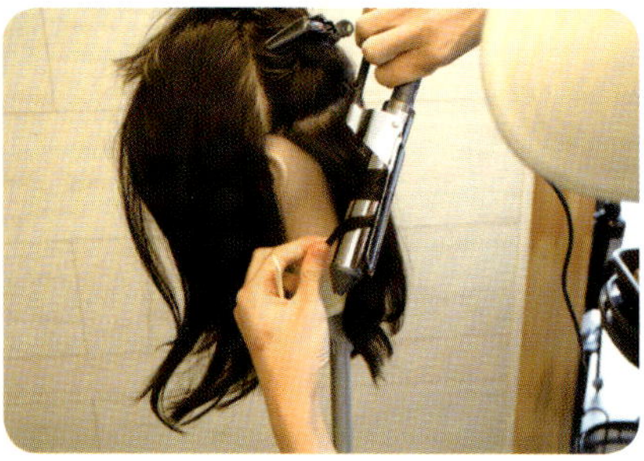

플립을 닫을 때 자국이 나지 않도록 유의하여 시술한다.

모발끝선이 부시시해지지 않도록 시술한다.

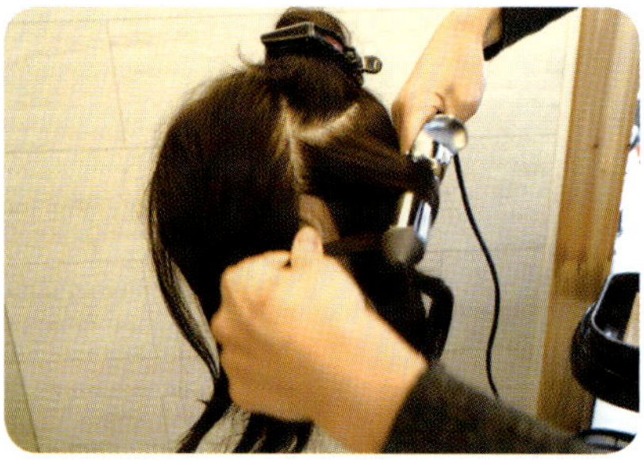

다음단 역시 Forward(앞 방향)로 말아준다.

웨이브가 잘 형성되도록 충분히 열을 식혀 준다.

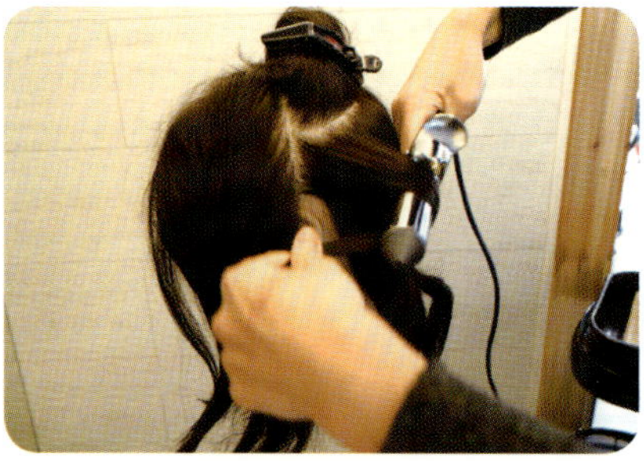

탑부분 전까지는 Forward(앞 방향)로 시술한다.

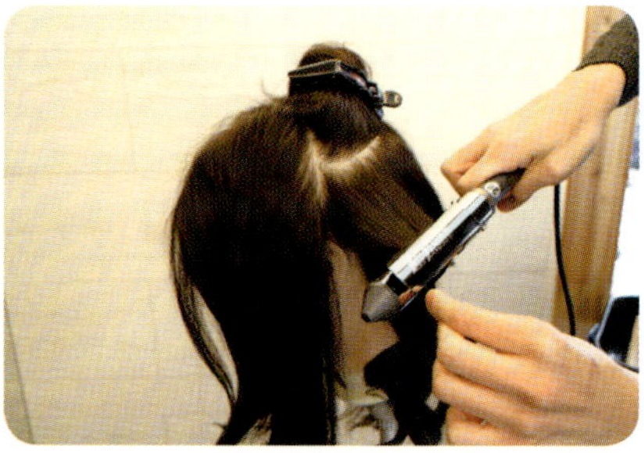

전체적으로 고르게 열이 전도될 수 있도록 뜸을 들여준다.

웨이브가 과하다 싶으면 열이 식기전에 살짝 늘려주는것도 좋다.

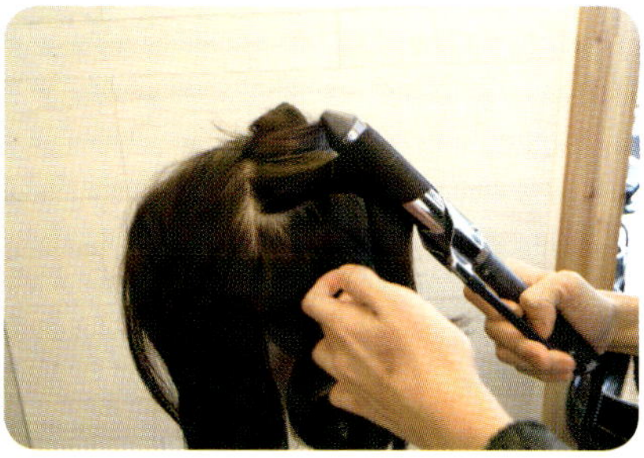

탑부분은 Revers(역방향)로 말아준다.

최상단 역시 마찬가지로 Revers(역방향)로 말아준다.

바로 이어서 연결될 수 있도록 사이드부분을 시술한다.

우아하게 넘어가는 앞머리를 연출하기 위해 역방향으로 시술한다.

전단계에서 형성된 웨이브와 릿지를 고려하여 웨이브를 쌓아준다.

시술할 때 면이 꼬이거나 끝선이 엉키지 않도록 잘 잡아준다.

컬이 잘 형성될 수 있도록 충분하게 식혀준다.

최상단역시 역방향으로 시술한다.

앞머리 부분은 넘어가야되는 릿지부분을 신경쓰며 드라이한다.

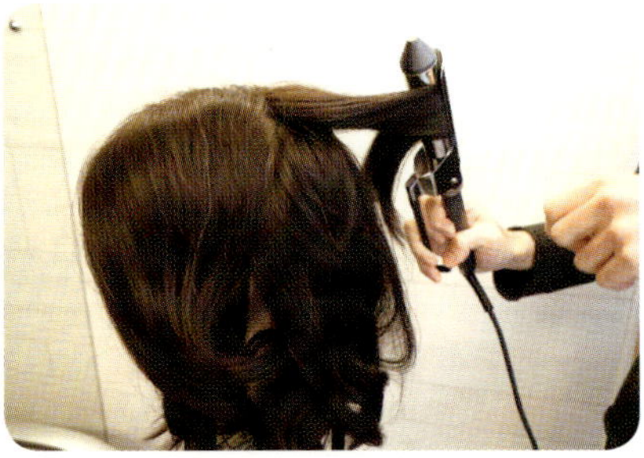

최상단의 탑부분 역시 웨이브를 형성한다.

반대쪽과 마찬가지로 Forward(앞 방향)로 말아준다.

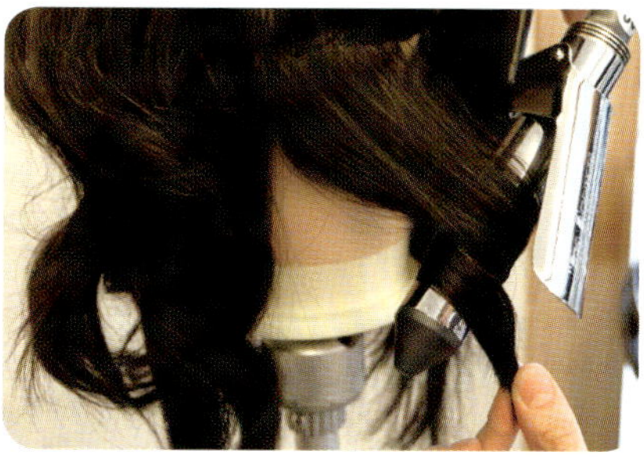

모발 끝선이 엉키거나 눌리지 않도록 신경쓰며 드라이한다.

마찬가지로 사이드부분은 Revers(역방향)로 말아준다.

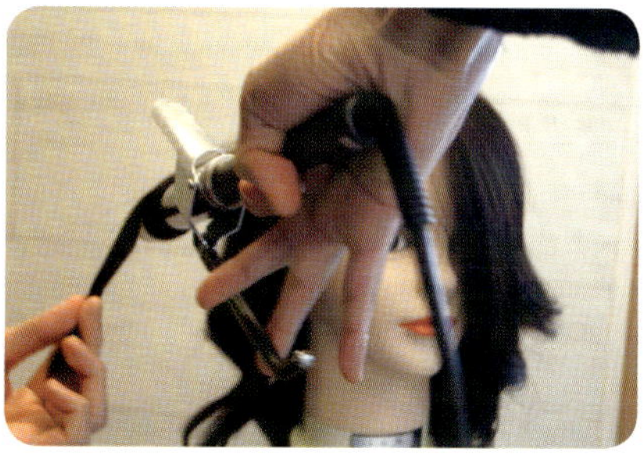

아이롱 플립을 닫을때 자국이 생기지 않도록 유의한다.

모발끝선이 엉키거나 눌리지 않도록 신경쓰며 시술한다.

모발전체에 골고루 열이 가해질 수 있도록 뜸을 들여준다.

웨이브가 잘 형성될 수 있도록 충분히 식혀준다.

마찬가지로 Revers(역방향)로 시술한다.

모발단면이 꼬이지 않도록 유의하여 시술한다.

완성된 작품

정석 A라인의 블로우 C컬 드라이

Practice of Thermal Equipment styling

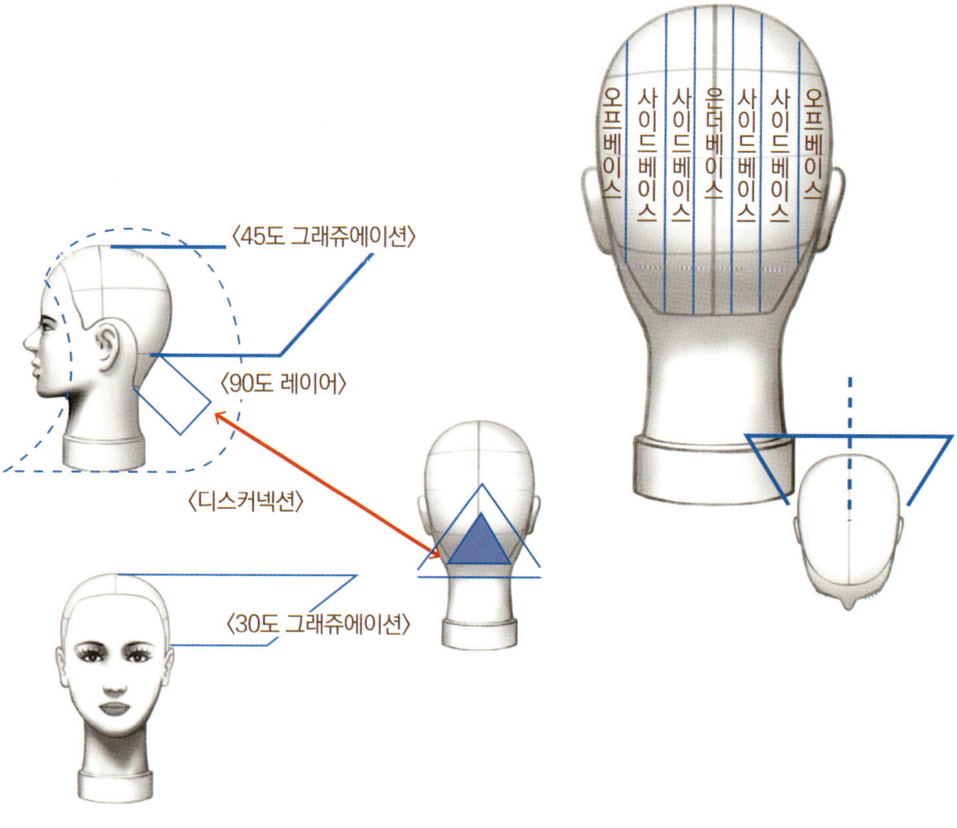

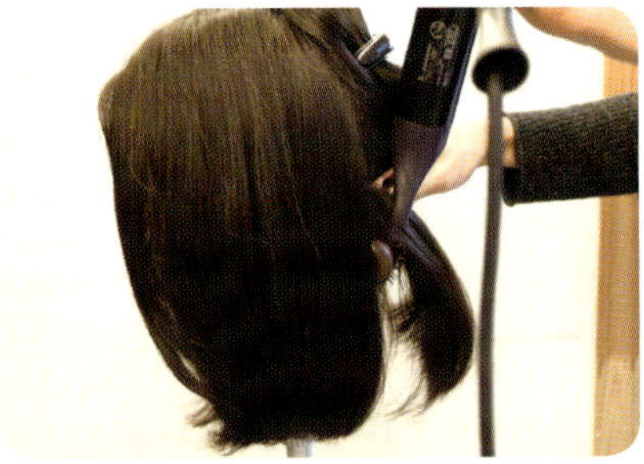

4등분을 나누어 네이프 부분부터 드라이한다.

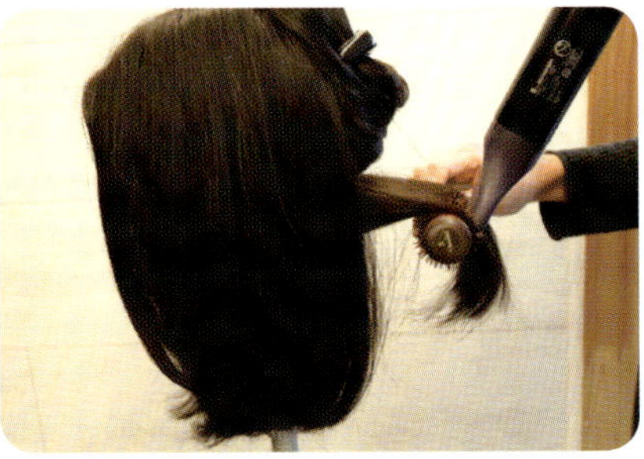

네이프부분을 과하게 볼륨을 살리지 않는다.

하단의 C컬을 형성한다.

방향성있게 Forward(앞 방향)로 브러쉬를 빼준다.

뿌리볼륨을 살리고 자연스럽게 중단으로 연결한다.

하단의 C컬을 형성한다.

하단의 C컬을 제대로 형성하기 위해선 회전과 열이 중요하다.

상단의 뿌리볼륨을 잡아준다.

각도를 들어 자연스럽게 전체적인 C컬을 형성한다.

하단의 C컬을 형성한다.

방향성있게 브러쉬를 빼준다.

사이드부분은 너무 과하게 뿌리를 살리지 않는다.

매끄럽게 모발 표면을 드라이한다.

하단의 C컬을 형성한다.

충분히 열을 식히고 확실한 C컬을 연출한다.

상단의 뿌리볼륨을 잡아준다.

매끄럽게 모발 표면을 드라이한다.

하단의 C컬을 형성한다.

상단의 뿌리볼륨을 잡아준다.

앞머리의 경우 Revers(역방향)로 드라이해 준다.

하단의 C컬을 형성한다.

반대편과 마찬가지로 네이프부분은 각도를 낮추어 드라이한다.

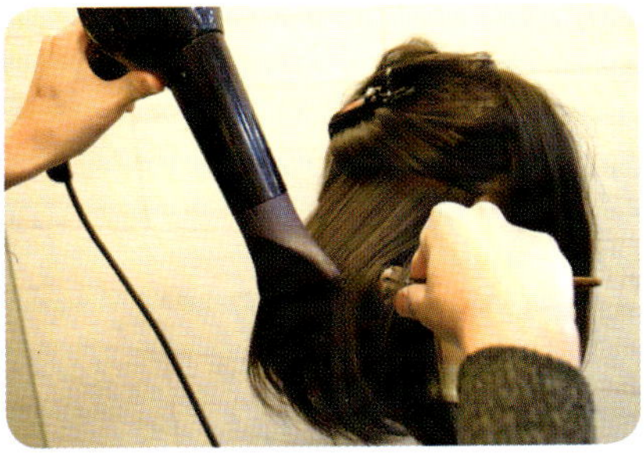

매끄럽게 모발 표면을 드라이한다.

하단의 C컬을 형성한다.

뿌리볼륨을 잡은 후 전체적인 C컬을 형성한다.

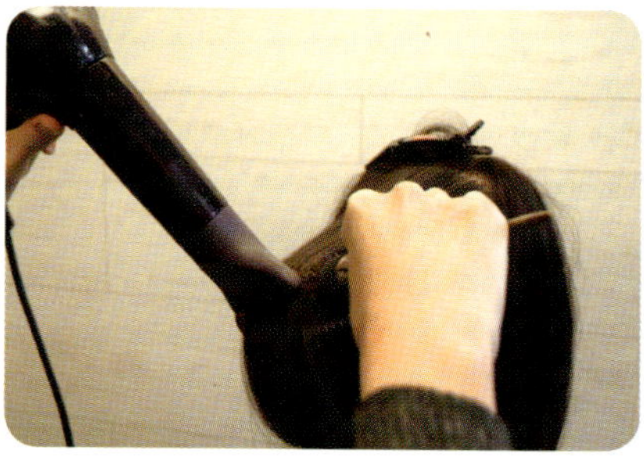

모발 표면을 매끄럽게 드라이 해준다.

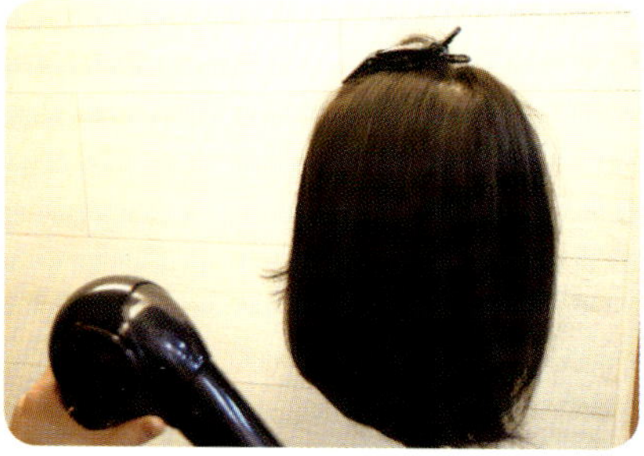

하단의 C컬을 형성한 후 방향성있게 브러쉬를 빼준다.

사이드 부분은 과하게 뿌리볼륨을 살리지 않는다.

전체적인 C컬을 형성한다.

상단의 뿌리볼륨을 잡아준다.

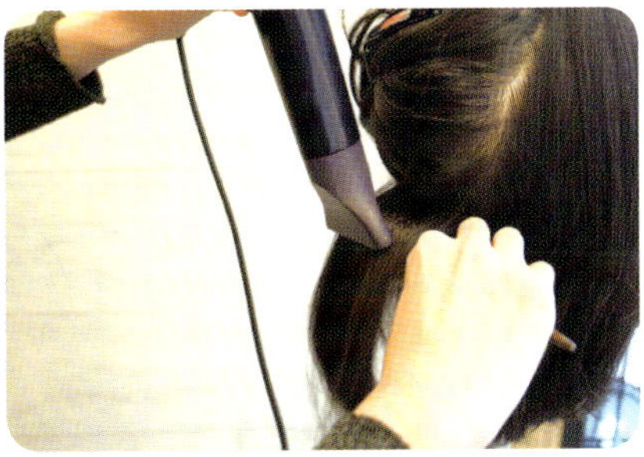

전체적인 C컬을 형성하여 모발표면을 매끄럽게 해준다.

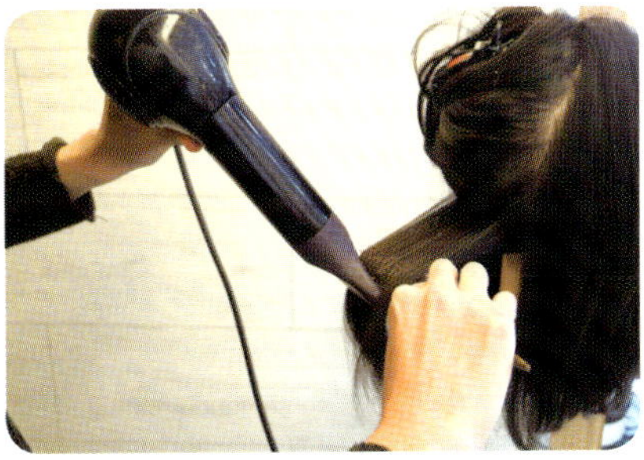

하단의 C컬을 형성한다.

상단의 뿌리볼륨을 잡아준다.

앞머리의 경우 Revers(역방향)로 드라이해 준다.

각도를 높혀 앞머리의 릿지를 형성해준다.

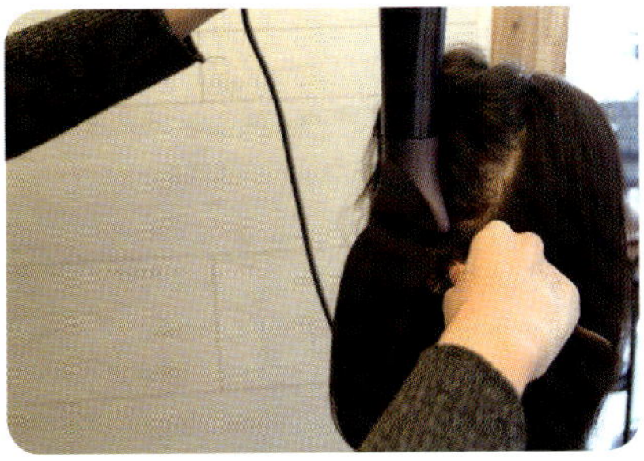

하단의 C컬을 형성한다.

완성된 작품

기본 물결의 정석

Practice of Thermal Equipment styling

4등분으로 나누어 네이프부터 시술을 시작한다.

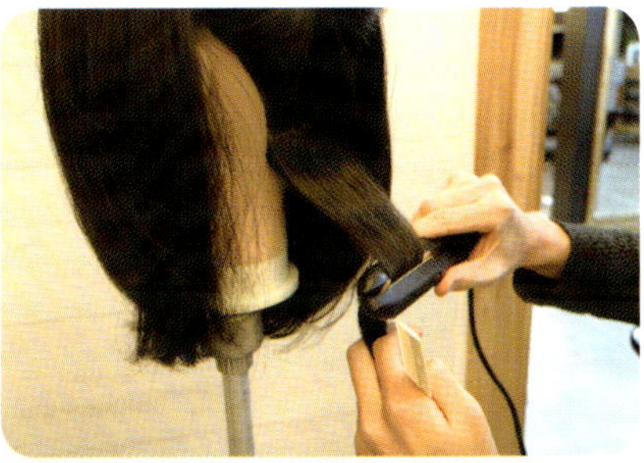

릿지가 들어갈부분을 미리 계산하여 시술한다.

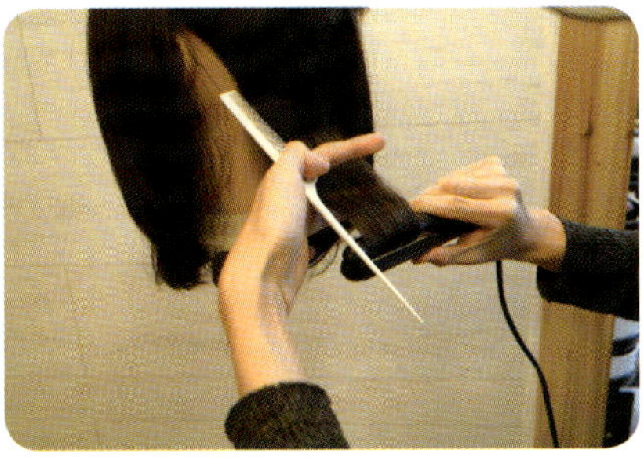

하단의 C컬은 탄력있게 확실히 잡아준다.

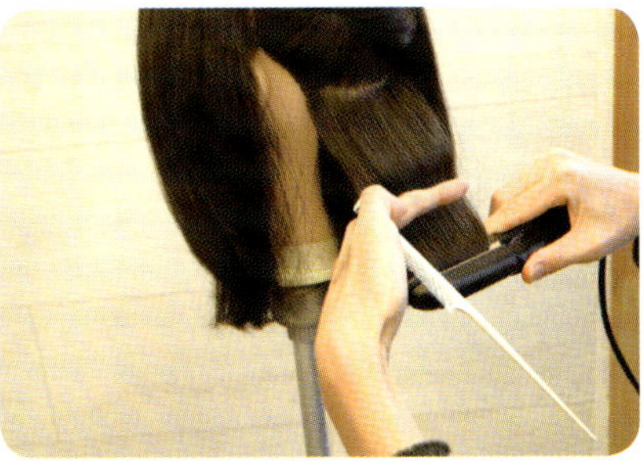

상단의 릿지가 망가지지 않도록 텐션을 과하게 주지 않는다.

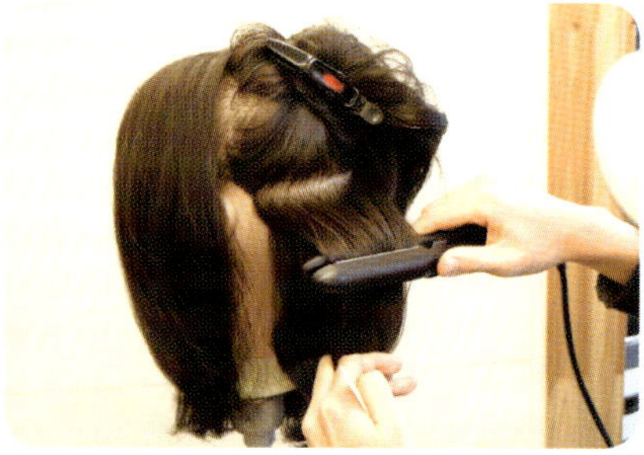

전 시술단계의 맞추어 릿지를 형성한다.

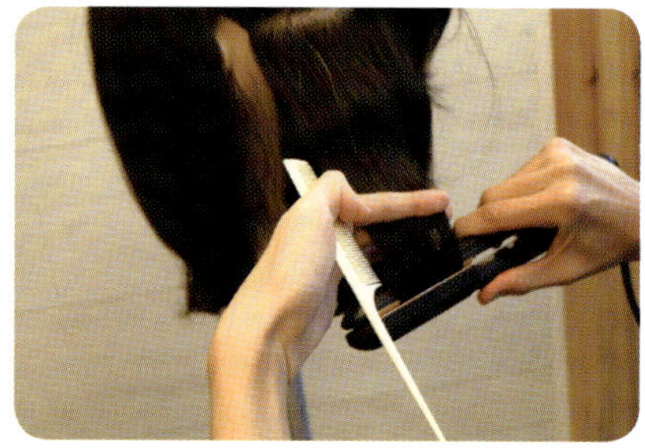

하단의 C컬은 탄력있게 확실히 잡아준다.

전 시술단계의 맞추어 릿지를 형성한다.

반대방향으로도 릿지를 형성하여 물결을 만들어준다.

릿지가 형성되면 확실히 스타일링이 되도록 충분히 식혀준다.

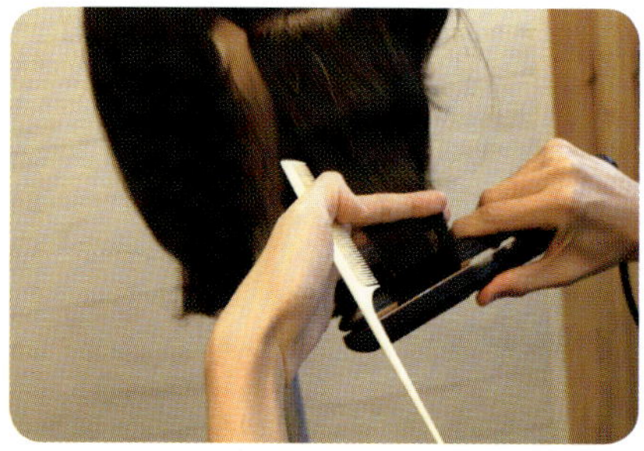

하단의 C컬은 탄력있게 확실히 잡아준다.

전 시술단계의 맞추어 릿지를 형성한다.

릿지를 만들어 줄 때는 자국이 나지 않도록 유의하여 시술한다.

반대방향으로도 릿지를 형성하여 물결을 만들어 준다.

하단의 C컬은 탄력있게 확실히 잡아준다.

사이드부분 역시 전 사술단계의 맞추어 릿지를 형성한다.

반대방향으로도 릿지를 형성하여 물결을 만들어준다.

상단의 릿지가 망가지지 않도록 과도한 텐션은 피한다.

하단의 C컬은 탄력있게 확실히 잡아준다.

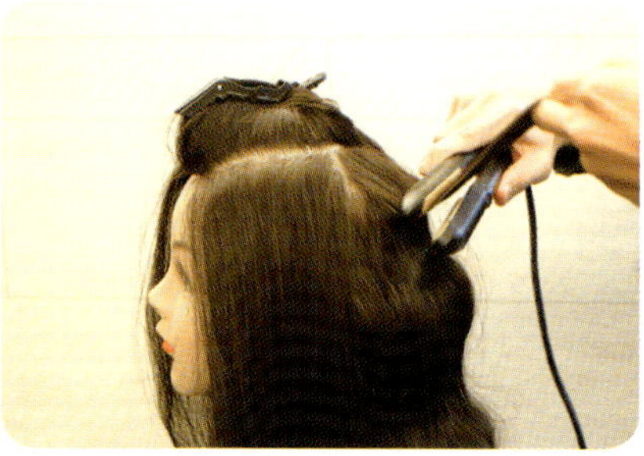

전 시술단계의 맞추어 릿지를 형성한다.

반대방향으로도 릿지를 형성하여 물결을 만들어준다.

상단의 릿지가 망가지지 않도록 과도한 텐션은 피한다.

전단계의 물결웨이브를 봐가며 같은 위치에 릿지를 만들어 준다.

하단의 C컬은 탄력있게 확실히 잡아준다.

전 시술단계의 맞추어 릿지를 형성한다.

반대방향으로도 릿지를 형성하여 물결을 만들어준다.

상단의 릿지가 망가지지 않도록 과도한 텐션은 피한다.

자국이 나지 않도록 아이롱기기의 열판을 잘 활용한다.

하단의 C컬은 탄력있게 확실히 잡아준다.

전 시술단계의 맞추어 릿지를 형성한다.

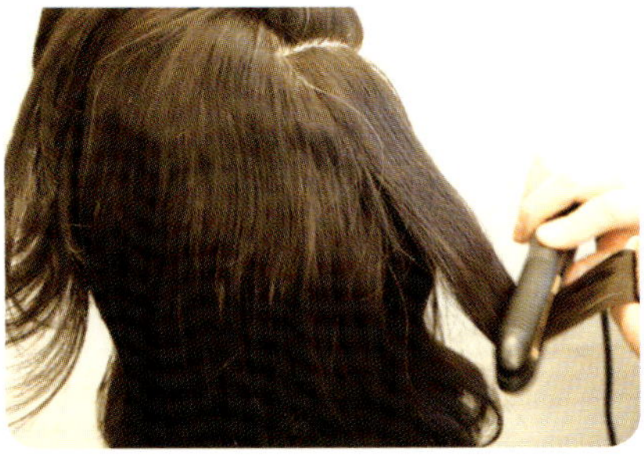

반대방향으로도 릿지를 형성하여 물결을 만들어준다.

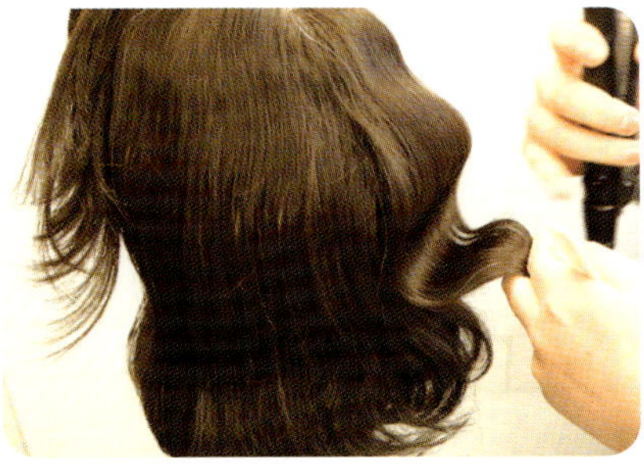

형성된 릿지가 확실한 물결웨이브를 형성하기 위해 충분히 식혀준다.

사이드부분 역시 전 사술단계의 맞추어 릿지를 형성한다.

상단의 릿지가 망가지지 않도록 과도한 텐션은 피하며 시술한다.

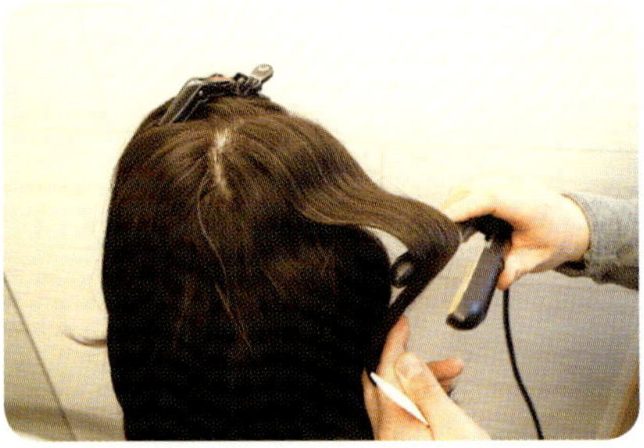

반대방향으로도 릿지를 형성하여 물결을 만들어준다.

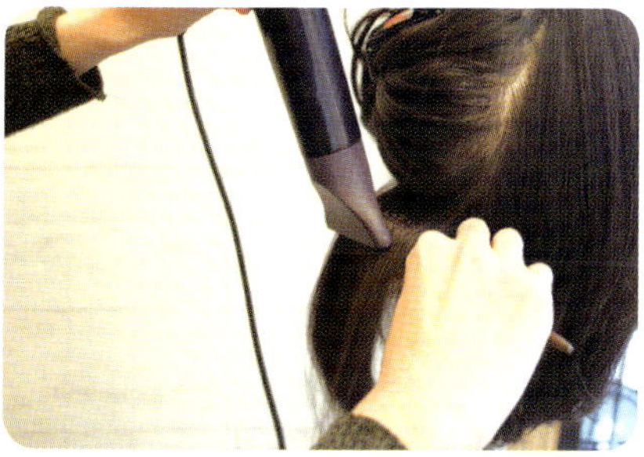

전단계의 물결웨이브를 봐가며 같은 위치에 릿지를 만들어 준다.

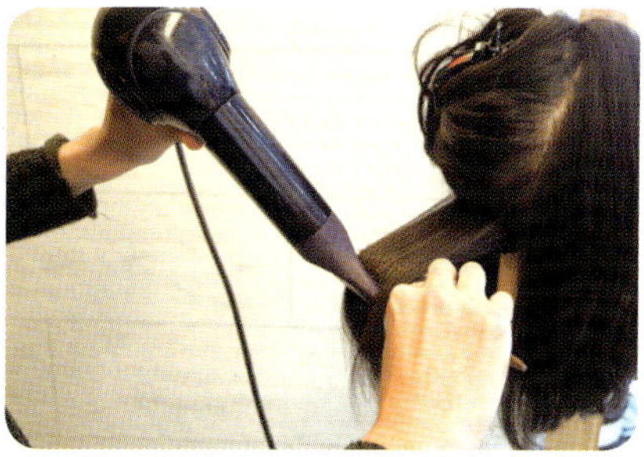

하단의 C컬은 탄력있게 확실히 잡아준다.

완성된 작품

기본 사모님 블로우 드라이의 정석

Practice of Thermal Equipment styling

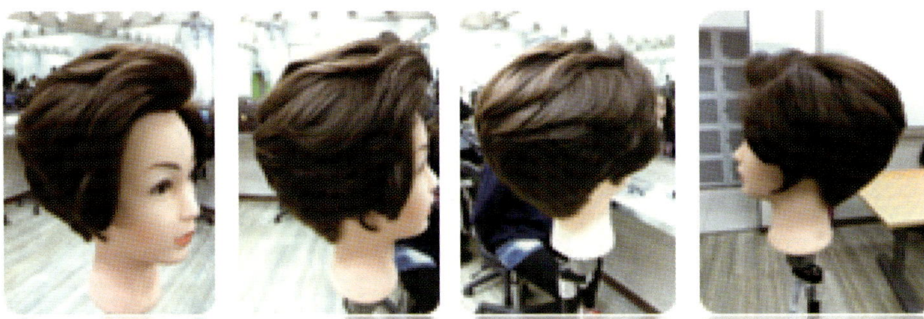

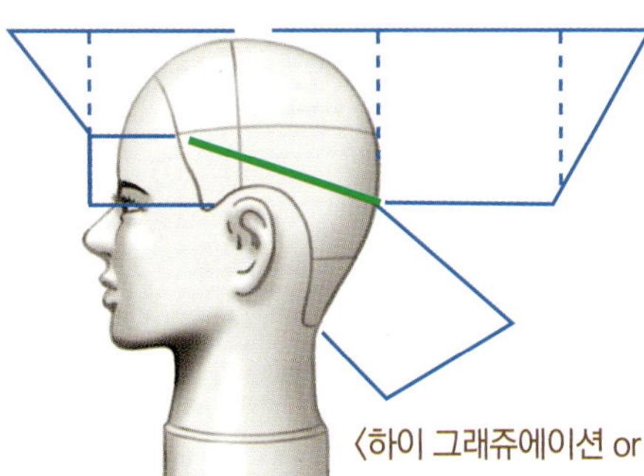

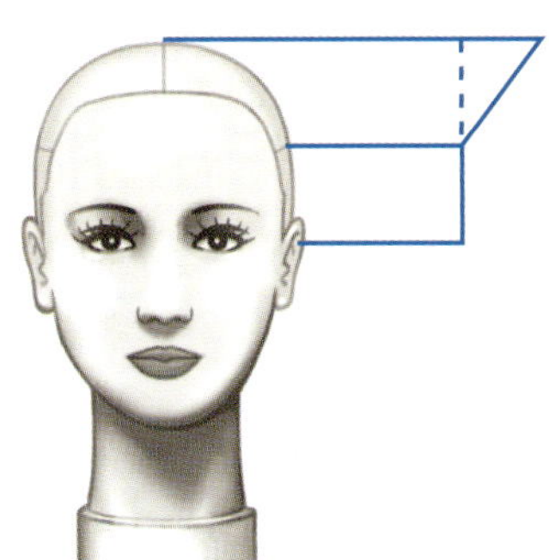

〈하이 그래쥬에이션 or 레이어〉

사모님의 하단은 길이가 짧기 때문에 작은 롤을 사용한다.

탄력있는 C컬을 표현하기 위해 열을 주고 식히는 과정을 반복한다.

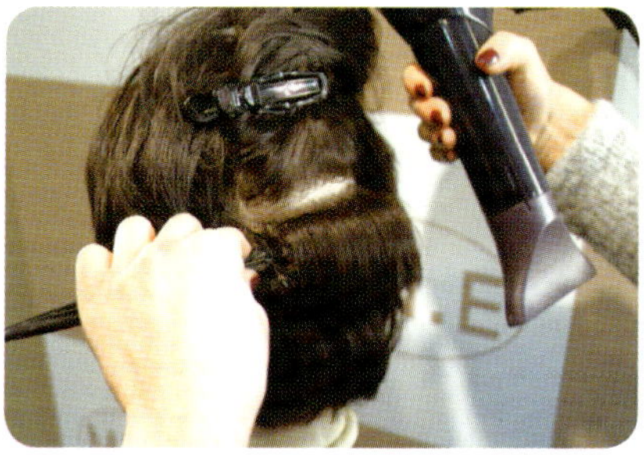

두 번째 단부터는 각도를 높혀 탄력을 더 한다.

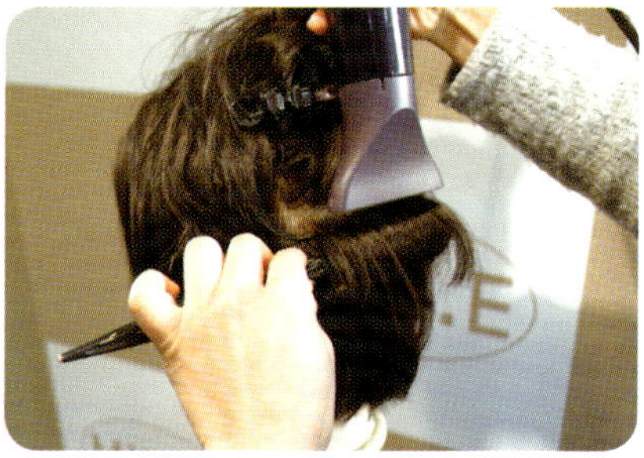

뿌리의 볼륨을 감을 높이기 위해 드라이어의 노즐을 두피에 가까이 한다.

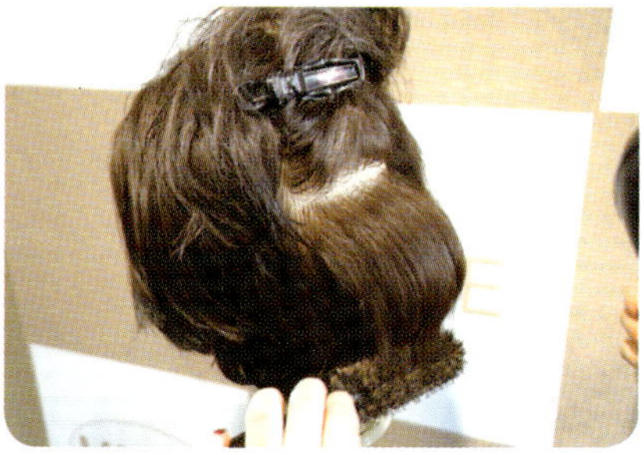

열을 식히면서 C컬을 표현한다.

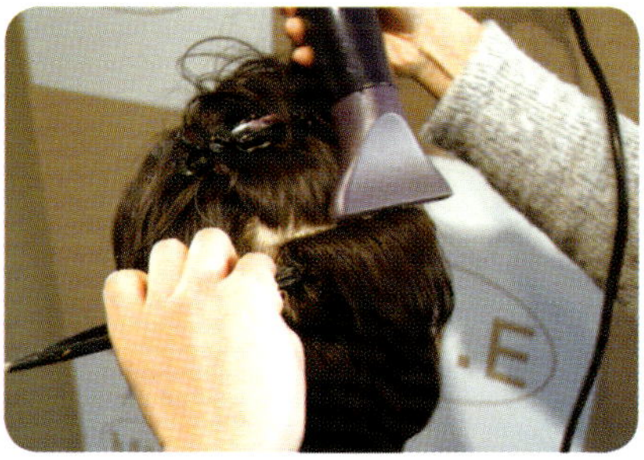

세 번째 단부터는 뿌리의 부분에 더 많은 열을 가하고 모발을 롤로 감아 넣는다.

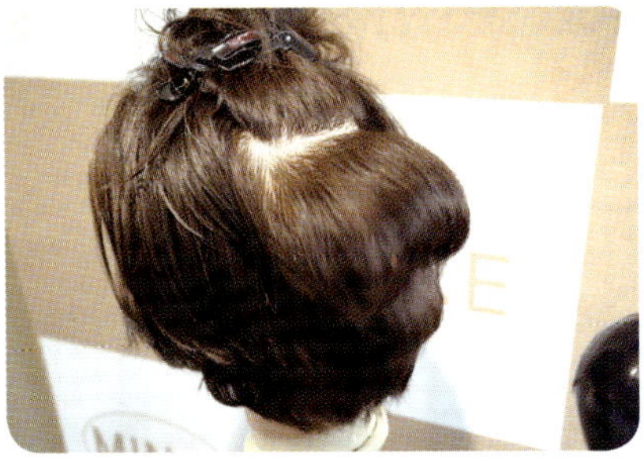

최대한 강한 탄력을 표현한다.

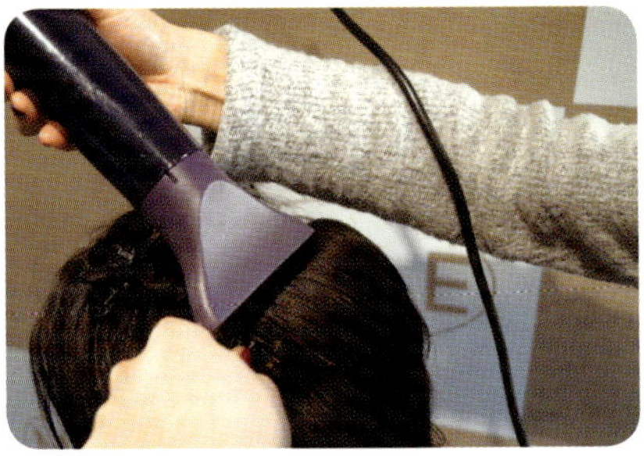

상단의 드라이어와 롤 브러쉬는 볼륨감이 최대한 표현될 수 있도록 뿌리를 100도 이상 꺾는다.

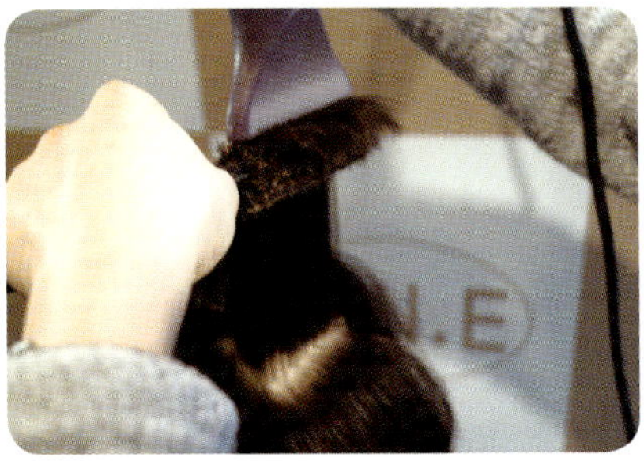

모발의 끝부분까지 열을 정확하게 전달한다.

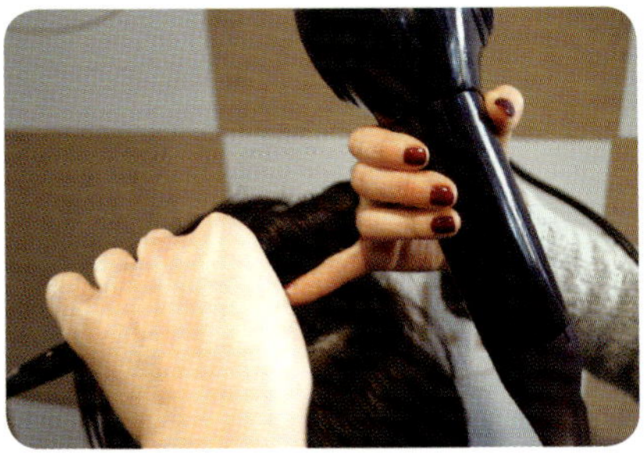

롤 브러쉬를 말아 넣을 때, 모발이 엉키지 않도록 주의한다.

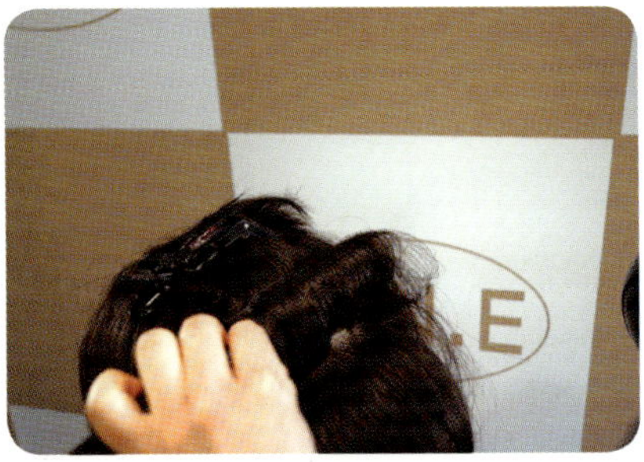

열을 충분히 식혀 준다.

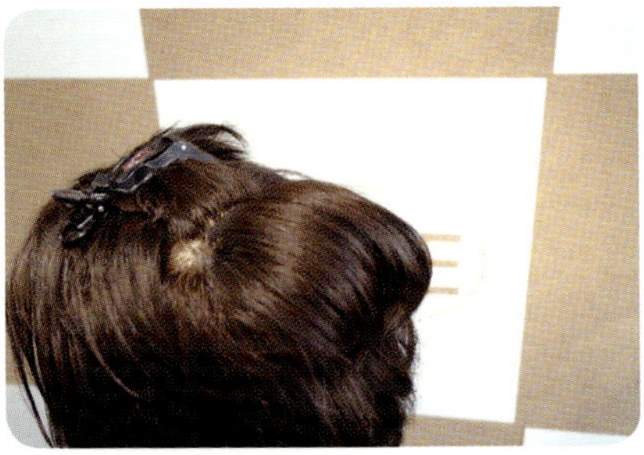

모발의 탄력감을 확인할 수 있다.

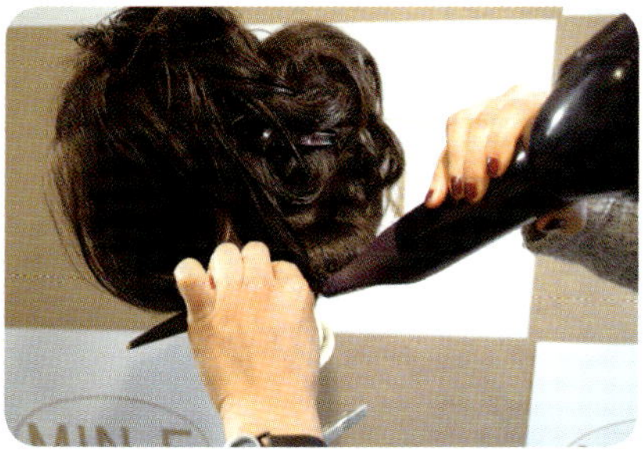

백사이드 역시 작은 롤 브러쉬로 시작한다.

드라이어의 노즐을 두피부분으로 점차 옮긴다.

탄력있는 C컬을 표현한다.

사모님의 퍼머 탄력 정도에 따라 열을 주는 시간을 조절한다.

역시 사모님의 퍼머 탄력 정도에 따라 열을 식히는 과정을 조절한다.

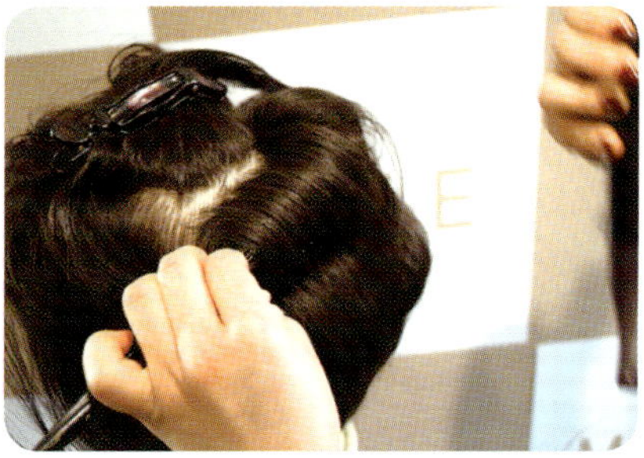

사모님의 퍼머 탄력 정도에 따라 롤 브러쉬의 대입 각도를 달리한다.

윤기를 위해 롤 브러쉬는 롤링하며 천천히 뺀다.

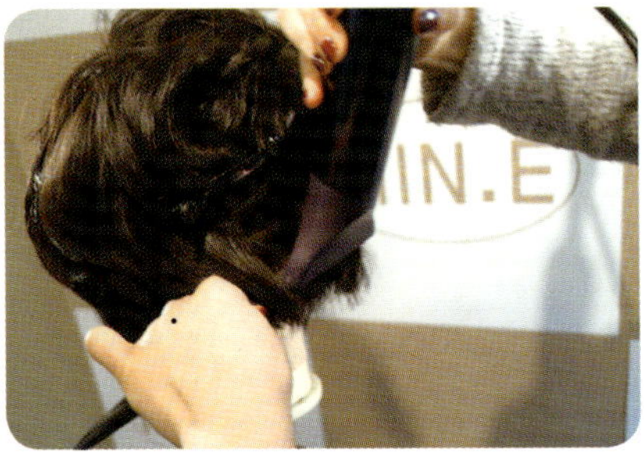

네이프의 길이를 고려한 롤브러쉬 선정

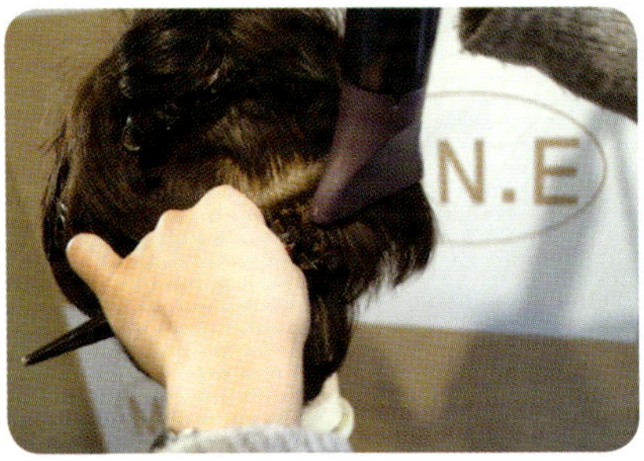

볼륨감을 위해 열을 주고, 식히는 과정의 시간을 충분히 둔다.

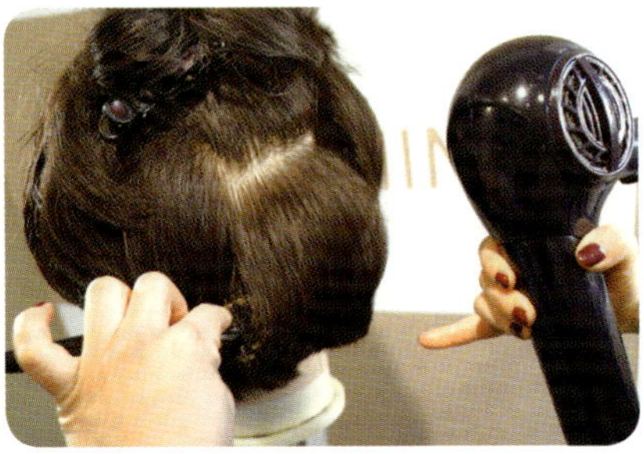

볼륨과 함께 윤기를 주기 위해서 롤브러쉬를 천천히 뺀다.

상단 으로 올라갈수록 100도 이상의 각도 대입한다.

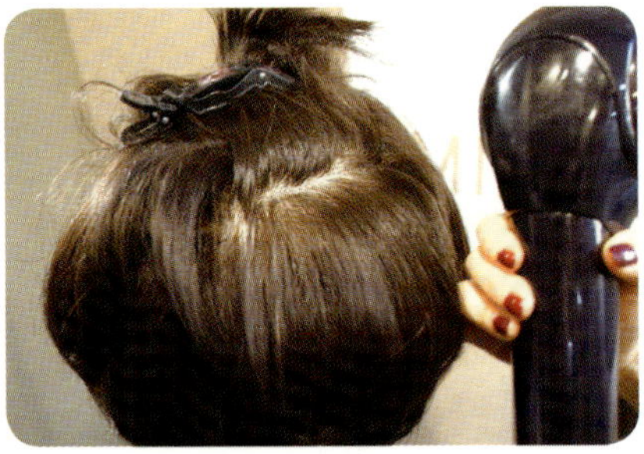

뿌리의 자라난 방향까지 고려해 볼륨감 살린다.

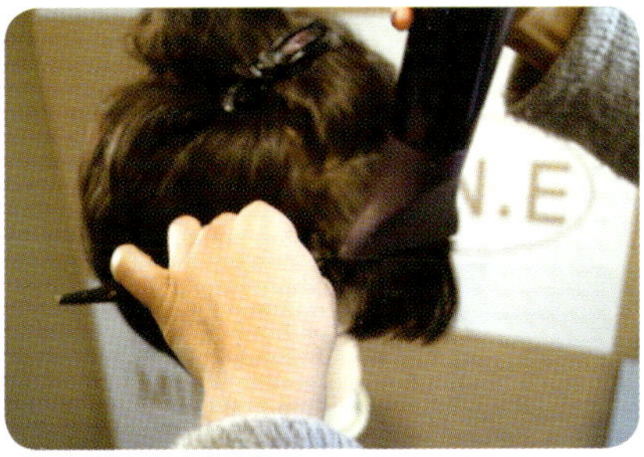

사이드의 첫단은 A라인 형태의 볼륨있는 C컬을 표현한다.

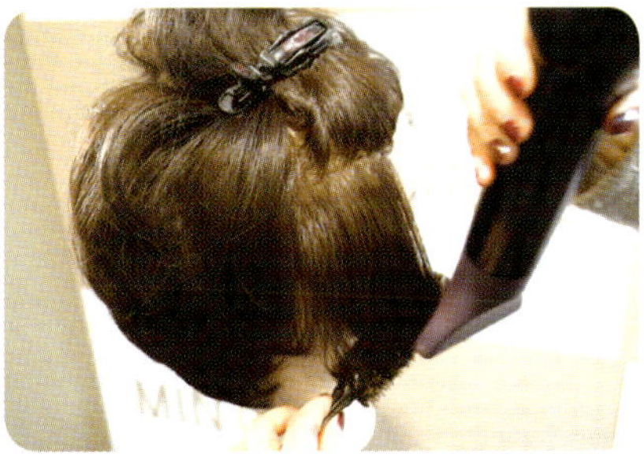

이목구비와 페이스라인을 살리는 사이드 부분은 최대한 윤기를 주기 위해 열 조절에 신경쓴다.

롤의 정확한 안착을 위해 섹션과 뿌리 각도, 브러쉬를 잘 활용한다.

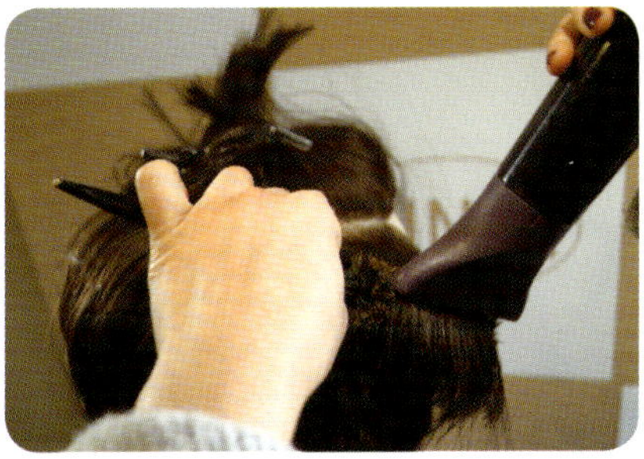

사모님의 블로우 C컬을 사이드에 대입할 경우 페이스 라인쪽에서 백 사이드 라인 쪽으로 방향성있게 C컬을 만든다.

사이드의 상단으로 올라갈수록 섹션은 작고, 열 조절은 더 오래 진행한다.

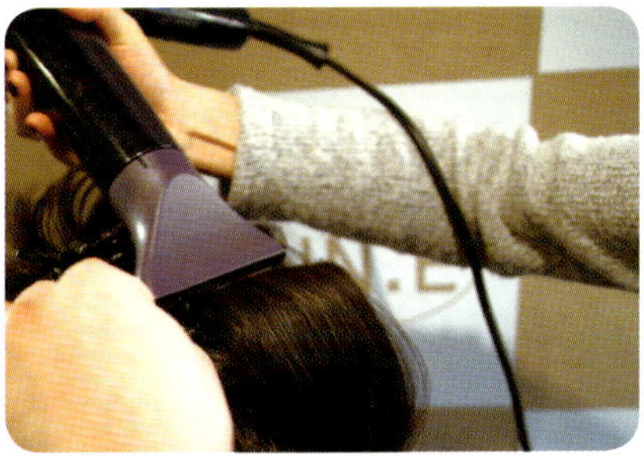

뿌리 방향을 고려하여 프린지의 이동 방향을 정한다.

사이드 라인 역시 볼륨감이 필요한 부분에서는 롤 브러쉬를 감아 넣는다.

뿌리 부분부터 탄력감을 유지하기 위해서 열을 천천히 식히며 롤 브러쉬를 큰 반원으로 그린다.

롤을 감아 넣을 때 사이드 모발의 면이 깨끗하게 말아 들어갔는지를 확인한다.

롤 브러쉬를 감아 넣을 때 역시, 롤 브러쉬를 잡은 손에 텐션을 유지한다.

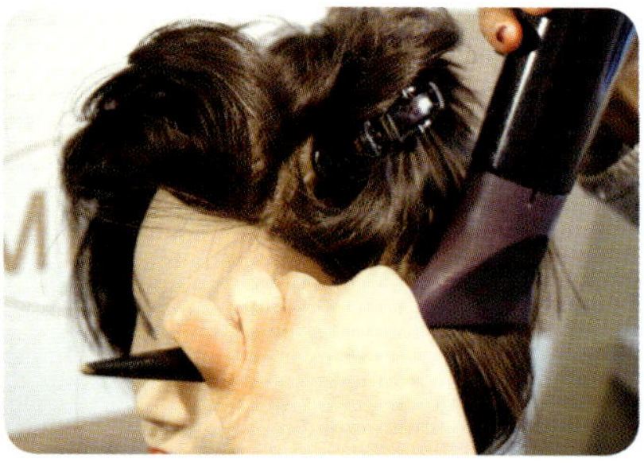

사모님의 사이드 구역에는 모발의 양이 많지 않다는 점을 주의한다.

C컬 진행시 수분 유지에 주의한다.

사이드 상단으로 올라갈수록 C컬의 탄력과 형태를 유지한다.

두상의 형태를 고려하여, 가로 섹션을 너무 많이 타지 않는다.

드라이어 노즐을 모발에 바짝 대지 않는다.

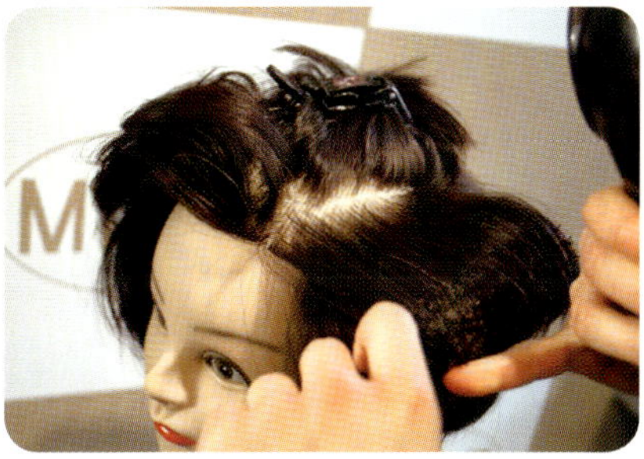

모발을 롤 브러쉬에 말아 넣을 때 손가락을 활용하면, 열 조절 능력이 뛰어나게 된다.

볼륨감을 위해 사이드 부분을 롤 브러쉬로 말아 넣는다.

윤기와 부드러움을 위해 천천히 롤 브러쉬를 롤링하며 뺀다.

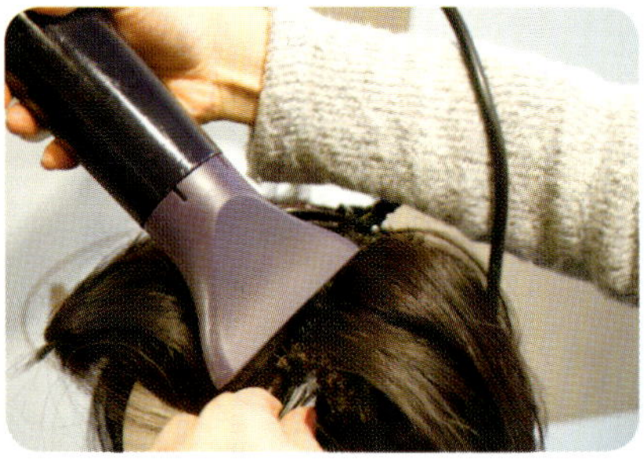

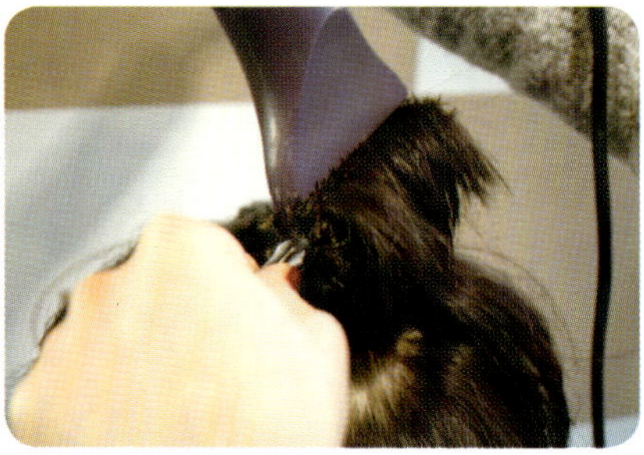

사이드 상단은 덜 많은 볼륨감을 위해 섹션을 작게 나눈다.

사모님의 펌 종류(일반펌, 열펌)에 따라 열을 조절한다.

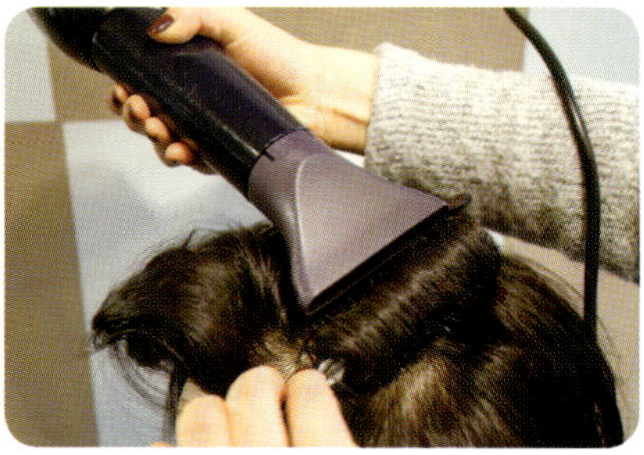

100도 이상의 각도를 유지하며, 열 조절에 신경쓴다.

모발길이가 길면 쉽게 드라이의 컬이 처질 수 있으니 길이에 따라 열 조절에 신경쓴다.

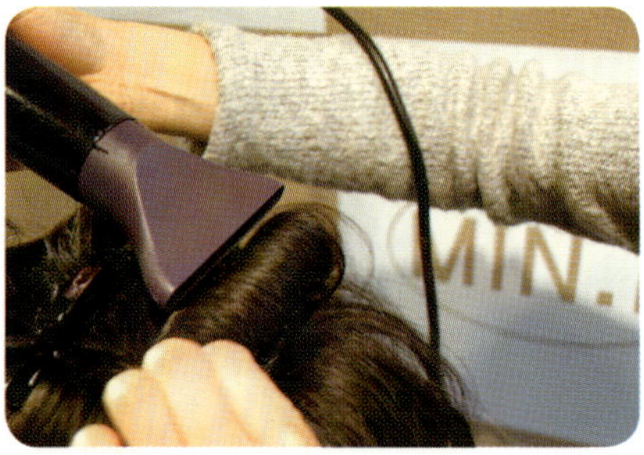

프린지 부분의 상단은 릿지 형성을 위해 S컬 이상 롤 브러쉬를 말아 넣는다.

열의 조절은 사모님 고객의 퍼머의 종류, 시술 시기, 길이에 따라 차등 구분한다.

완성된 작품

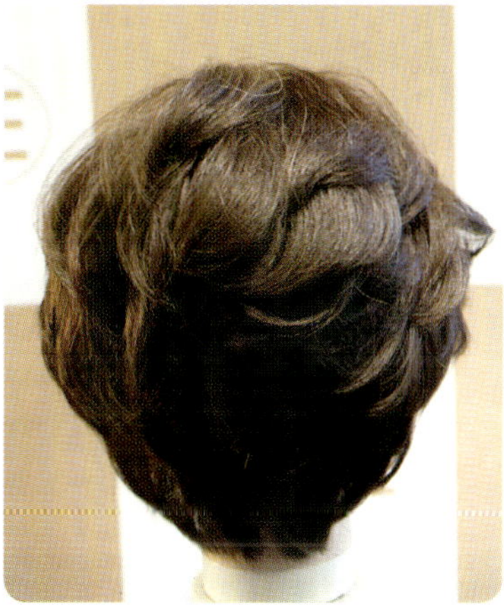

저자 약력

김세욱 안산대학교 뷰티아트과 학과장
조　민 안산대학교 계약학과 뷰티아트과 교수
홍보경 경일대학교 뷰티학과 교수
이영미 신구대학교 뷰티스타일링전공 교수

기본 드라이 정석

2013년 3월 1일 초판 인쇄
2013년 3월 5일 초판 발행

저　자 김세욱 조 민 홍보경 이영미
발 행 인 조규백
발 행 처 도서출판 구민사
(150-034) 서울특별시 영등포구 영등포4가 104-1번지 동서빌딩 604호
전　화 02.701.7421~2
팩　스 02.3273.9642
홈페이지 www.kuhminsa.co.kr
등　록 제14-29호(1980년 2월 4일)
ISBN 978-89-7074-744-6 93150
값 21,000원